教養としての
ビール

知的遊戯として楽しむための
ガイドブック

富江弘幸

著者プロフィール

富江弘幸（とみえ ひろゆき）

1975年、東京都生まれ。法政大学社会学部社会学科卒。卒業後は出版社、編集プロダクションでライター・編集者として雑誌・書籍の制作に携わる。その後、中国・四川大学への留学などを経て、英字新聞社ジャパンタイムズに勤務。現在は、雑誌やウェブサイトでビール関連の記事を執筆するほか、ビアジャーナリストアカデミーの講師も務める。著書に『BEER CALENDAR』（ステレオサウンド）がある。

本文デザイン・アートディレクション：クニメディア株式会社
イラスト：高村かい
校正：曽根信寿、青山典裕

はじめに

　もしかしたらビールはものすごくおもしろいコンテンツなんじゃないか、といつからか考えるようになりました。つまり、小説、漫画、映画、ゲーム、音楽などと同じように楽しめるお酒なのではないだろうか、と。

　というのも、ビールは多様性のあるお酒だからです。キンキンに冷やしてゴクゴクと喉越しを楽しむというイメージがいまだに強いように思いますが、最近は「クラフトビール」という言葉が知られてきたこともあり、ビールに対するイメージが徐々に変わってきているとも思います。ですが、それでもまだ、酸っぱいビールや甘いビールなど、いろいろな味わいのビールがあるということはあまり知られていません。

　多様性があるということは、おもしろいコンテンツになり得る条件のひとつではないかと思っています。

　例えば、『三国志』をご存知でしょうか。

　中国の歴史書をもとにした羅貫中の小説『三国志演義』があり、そこから日本でも『三国志』という名前を冠した小説やゲームなどの作品が生まれました。『三国志』の魅力はそのストーリーのおもしろさにもありますが、それは登場人物の多様さがあってこそだと思っています。登場人物の数が多いだけでなく、それぞれの生き様も個性的で魅力的

なのです。

　他にも、私が子どもの頃に『キン肉マン』や『ビックリマン』に夢中になったのも、キャラクターに多様性があったからだと思います。今でも『妖怪ウォッチ』や『ポケットモンスター』など、多様性が魅力のコンテンツはたくさんあります。

　そして、ビールにもそれらのコンテンツに負けないくらいの多様性があるのです。では、ビールにはどんな多様性があるのか、いくつか挙げてみましょう。

　まず、味の多様性。いわゆる「ビール」と聞いて想像する味だけでなく、とてつもなく苦いビール、甘いビール、酸っぱいビール、スパイスがきいたビールなどがあり、実は「ビールとはこんな味」とは規定できません。麦を主原料にしていれば、どんな材料を入れて造ってもよいのです。これは造り方の多様性とも言えます（使う材料によっては、日本の酒税法により発泡酒と表記されるものもありますが、本書ではそれらもビールとして扱います）。

　飲み方にも多様性があります。キンキンに冷やしてゴクゴク飲むのは、飲み方のひとつでしかありません。ビールの種類によっては、15度くらいの温度で飲むほうがいいものもありますし、ホットビールのように温めて飲むものもあります。また、銘柄によっては、何年も熟成させることができ、その味わいの変化を楽しむこともできます。

　さらには地域の多様性。例えば、ワインはそれに適したブドウの産地でしか基本的には造られませんが、ビールは設備さえ整っていれば、世界中のどこでも造ることができ

ます。特定の醸造時期もありません。そして、造る地域によって、水や酵母、副原料も変わり、味わいの多様性にもつながってくるのです。

そして、醸造家の多様性。醸造する地域、時期などにとらわれないということは、醸造家の個性を表現しやすいお酒だとも言えます。また、その醸造家(醸造所)にもそれぞれのストーリーがあり、それもまたビールの楽しさを補完するものだと思っています。

もちろん、こういった多様性は他のお酒でも同じようなことが言える部分もあります。しかし、ビールはその中でも特に自由度が高く、多様性の幅が広いのです。

こう考えると、ビールは非常におもしろいコンテンツだと思いませんか? 夢中になれるビールや醸造所をもう見つけている人もいるでしょうし、まだ見つけられていない人でもきっと好きになれるビールがどこかにあるはずです。

本書は「教養」という言葉をタイトルに使っていますが、これは社会人として必要な文化的知識や品位のような狭義の意味ではなく、娯楽も含む普段の生活に取り入れられる知識といった、広義の意味で捉えていただければと思います。ビールというコンテンツの魅力を、紙幅の許す限り本書に詰め込んだつもりです。

とはいえ、本書で著した内容は、ビールの魅力の「さわり」でしかありません。大学の講義で言えば、一般教養というところでしょうか。あまり構えずに肩の力を抜いて、ビールを飲みながら読んでいただければと思います。

教養としてのビール
知的遊戯として楽しむためのガイドブック

CONTENTS

はじめに ……………………………………………………… 3

第1章　「一番おいしいビールは？」に答えにくい理由 …… 11

「ビールはどれも同じような味」ではない ………………… 12
ゴクゴク飲めるお酒だという固定観念 ……………………… 14
固定観念を取り払うビールの多様性 ………………………… 16
最も思い入れのあるビール …………………………………… 18
「ビール嫌い」は「ピルスナー嫌い」？ …………………… 20
造り方の多様性 ………………………………………………… 24
飲み方の多様性 ………………………………………………… 28

第2章　「クラフトビール」が何かは誰もわかっていない …… 33

クラフトビールの定義が固まっていない日本 ……………… 34
では、地ビールとは? ………………………………………… 38
アメリカでの定義 ……………………………………………… 44
アメリカでクラフトビールが生まれた理由 ………………… 48
クラフトビールの定義よりもビアスタイルが重要 ………… 51

第3章　これだけは知っておきたいビールの歴史と造り方 …… 55

古代から中世までのビール …………………………………… 56
ビール純粋令とビールの三大発明 …………………………… 59

そもそもビールとはどんな酒なのか ……… 62
日本でのビールの定義と発泡酒との違い ……… 65
ビールの原材料 ……… 68
- 麦芽 ……… 69
- ホップ ……… 74
- 水 ……… 80
- 酵母 ……… 81
- 副原料 ……… 83

ビールの造り方 ……… 86
- 製麦 ……… 86
- 糖化 ……… 88
- 濾過・スパージング ……… 89
- 煮沸 ……… 89
- 冷却・発酵 ……… 92
- 熟成 ……… 92
- 容器詰め ……… 93

第4章 これだけは覚えておきたい ビアスタイル ……… 95

ビアスタイルを覚える必要性 ……… 96
ラガー系ビアスタイル ……… 99
- ピルスナー ……… 99
- オクトーバーフェストビール（メルツェン） ……… 102
- ボック ……… 104

CONTENTS

- デュンケル ……………………………… 106
- シュヴァルツ …………………………… 107
- カリフォルニア・コモンビール ………… 108

エール系ビアスタイル …………………… 110
- ヴァイツェン …………………………… 110
- ケルシュ ………………………………… 111
- アルト …………………………………… 112
- セゾン …………………………………… 114
- ベルジャン・ホワイトエール ………… 116
- ベルジャン・ストロングエール ……… 117
- ベルジャン・ダブル …………………… 120
- ベルジャン・トリプル ………………… 121
- フランダースエール …………………… 122
- ペールエール …………………………… 123
- インディア・ペールエール（IPA） …… 125
- ポーター ………………………………… 128
- スタウト ………………………………… 130
- バーレイワイン ………………………… 132

その他 ……………………………………… 133
- ランビック ……………………………… 133
- フルーツビール、フィールドビール … 134
- セッションビール ……………………… 136
- スモークビール ………………………… 137
- トラピストビール ……………………… 138

第5章　自分好みのビールを選ぶには ……… 139

ラベルの情報からビールの味を想像する ……… 140
- ラベルに書かれているビアスタイルで判断する ……… 140
- 既存のビアスタイルからの変化を見抜く ……… 141
- 味わいを表すキーワードを理解する ……… 142

ビールの味わいの基準を作る ……… 148
- まずは自分の好みを理解する ……… 148
- 好みの醸造所を見つける ……… 150
- 限定ビールよりもレギュラービールを ……… 150

何杯か飲むときの選び方の基本 ……… 153

第6章　ビールをおいしく飲むためには ……… 155

ビールは光と熱を避ける ……… 156
ビアスタイルによって適切な温度で飲む ……… 158
きれいなグラスで飲む ……… 159
グラスを変えて飲む ……… 160
注ぎ方を変える ……… 162
熟成させると味わいが変わる ……… 164

第7章 どんな料理でも必ず合うビールはある……167

ペアリングの考え方……168
ビールで料理の味を切る……170
ビールと料理の共通する味を合わせる……172
ビールと料理の異なる味を組み合わせる……177
- 塩味×酸味……177
- 辛味×酸味……178
- 旨味×苦味……179
- 甘味×焦げ感……180

おわりに……182
索引……188

第1章
「一番おいしいビールは？」に答えにくい理由

「ビールはどれも同じような味」ではない

　よなよなエールというビールをご存知でしょうか。

　長野県軽井沢町に本社を構える、ヤッホーブルーイングという醸造所が造っているビールです。ヤッホーブルーイングが造るビールはどれも個性的で、一度見たら忘れられないくらいのネーミングやデザインのビールばかり。よなよなエールは、そのヤッホーブルーイングが最初に造ったビールで、1997年から発売されています。

　実は、大手ビール5社（アサヒビール、キリンビール、サッポロビール、サントリービール、オリオンビール）以外で、私が人生で初めて飲んだビールは、このよなよなエールなのです。もう20年くらい前のことなのですが、それを手にとったとき、飲んだときの状況はよく覚えています。

よなよなエール（ヤッホーブルーイング）

第1章　「一番おいしいビールは？」に答えにくい理由

　よなよなエールを初めて目にしたのは、当時住んでいた家から一番近いスーパーのお酒売り場。まだ成人して数年しか経っていませんでしたが、ビールは大好きでお酒を飲むとなればいつもビールを飲んでいました。しかし、特に決まった銘柄はなく、新しいものや珍しいものに手を出したがる性格でもあったので、新商品や見たことのないビールがあれば買って飲んでいたのです。

　そして、いつものようにスーパーに立ち寄ってお酒売り場を見ていたら、よなよなエールがすぐ目に入ってきました。闇夜に月が明るく浮かぶ、ビールっぽさはなくもないけれど「ビール」らしくないデザイン。夜にゆっくり飲んでみようと思わせる「よなよな」というネーミング。

　棚に並ぶ他社のビールに比べ、よなよなエールは視覚的なアピール度がずば抜けていました。購入して家で飲んでみると、ビールの色合いからして違います。いつも飲んでいたビールよりももう少し濃い色合い。その当時は「あ、他のビールとなんか違う」くらいにしか思いませんでしたが、味やネーミングになんとなく好意を持ち、その後もよく買って飲むようになりました。

　今でもよく飲むビールのひとつですが、私にとっては「大手ビール会社以外のビールで初めて飲んだ銘柄」という、記念すべきビールなのです。

　一方、「人生で初めて飲んだビールの銘柄は？」と聞かれると、実は答えられません。よなよなエールに比べると、大手ビール会社のビールは見た目や味わいのインパクトに違いを見出しにくかったということもあるのでしょうが、これは大手ビール会社が悪いわけではありません。その頃は「とりあえずビール」全盛期で、私自身がビールの銘柄にあまり注目しておらず、「ビールはどれも同じような味」という固定観念があったことに起因しています。

ゴクゴク飲めるお酒だという
固定観念

　初めて飲んだ外国産ビールもよく覚えています。

　セバスチャン グランクリュというベルギーのビールで、見た目の珍しさから購入したものです。池袋の東武百貨店にあるお酒売り場をたまたま覗いてみたら、ベルギービールをはじめ外国産のビールがずらりと並んでいました。その中でも、セバスチャン グランクリュはスイングキャップのボトルが印象的で、栓抜きで王冠を取った後はスイングキャップを使って封をしておくことができるものです。

　それがどんな味なのかも気にすることなく、見た目が珍しいということだけで購入。友だち数名と集まったときに飲んでみました。しかし、実際に飲んでみると、ビールらしい爽快感があまり感じられなかったのです。アルコール感が強めで、ビールとは思えないフルーティーな香りがある。

　その当時は、私も含め、セバスチャン グランクリュの評価は決していいものではありませんでした。今から考えればその評価は正しくなかったのでは？　と思えるのですが、それは「ビールとはゴクゴク飲める爽快感のあるお酒」という固定

セバスチャン グランクリュ（スターケンズ醸造所）

観念があったからかもしれません。
　しかし、「ビールはどれも同じような味」「ビールとはゴクゴク飲める爽快感のあるお酒」ということが固定観念だと思っていない方は、意外と多いのではないかと思います。私も最初はそうでしたが、その後、ビールについていろいろ調べたり飲んだりしていると、「これは本当にビールなのか」と思うような味わいのビールがたくさんあることに気づき、「ゴクゴク飲むだけがビールではない」ということがわかるようになってきました。
　ビールに限った話ではありませんが、物事を理解する際には、できるだけ固定観念にとらわれるべきではないと考えています。ポジティブに言い換えると、「自由に物事を考える」となるでしょうか。実は、自由な発想で造られたビールは世の中にたくさんあります。ウイスキーの樽（たる）で熟成させたビール、山椒（さんしょう）を使ったビール、レモンや酢を思わせる酸味があるビール……。例を挙げればキリがありません。
　例えば、ウイスキーの樽で熟成させたビールは、総じてアルコール度数を高くしており、10％以上になるものばかり。ウイスキーの樽で熟成させることで、ビールにウイスキー樽のフレーバーが加わります。アルコール度数が高く、どっしりした味わいでウイスキー樽のフレーバーのあるビール。飲んだことはなくても想像はできるでしょうか。ゴクゴク飲むのに適したビールとは言えません。
　セバスチャン　グランクリュはウイスキー樽で熟成させたビールではありませんが、アルコール度数も高く、ゴクゴク飲むシチュエーションで選択するビールではありません。その意味では、当時の私自身の飲み方や選択が間違っていたということで、ビール自体の評価を下げるものではないのです。

つまり、シチュエーションに合わせればとてもおいしく飲めるビールと言えるでしょう。セバスチャン グランクリュは、初めて飲んだ外国産ビールということだけでなく、改めて固定観念について考えさせられるという意味でも、私にとって忘れられないビールのひとつと言えます。

固定観念を取り払うビールの多様性

　ここまで、私自身がかつて持っていた、ビールに対する固定観念にからめて「大手ビール会社以外で初めて飲んだビール」と「初めて飲んだ外国産ビール」を紹介しました。

　実は「大手ビール会社のビール以外で初めて飲んだ銘柄は？」というのは、よく受ける質問のひとつです。また、それ以上によく受ける質問としては「一番おいしいと思う銘柄は？」が挙げられます。

　似たような質問では「おすすめのビールを教えてください」でしょうか。質問する側としては気軽に聞けることですし、ビールに詳しい人がおいしいと思うのはどんなビールなのか、知りたいという気持ちもよくわかります。

　飲食店に行けば、メニューに「本日のおすすめ」と書かれていることがよくありますし、なかなか注文を決めきれなくて迷っていたら、店員さんに「今日のおすすめは何ですか？」と聞くこともあるでしょう。

　そんな質問と同じように「一番おいしいと思うビールは何ですか？」「おすすめのビールを教えてください」と聞かれるのですが、

第1章 「一番おいしいビールは?」に答えにくい理由

どう答えたらいいか非常に困る質問なのです。

飲食店では、今が旬の魚が手に入ったとか、今朝収穫したばかりの野菜が入荷したとか、はっきりとしたおすすめする理由があります。しかし、「一番おいしいと思うビールは何ですか?」「おすすめのビールを教えてください」という質問に対しては、「一番」や「おすすめ」である理由を明確にできず、困ってしまうのです。

困る原因としては大きく2つ挙げられます。

ひとつは、一番を選ぶのには選択肢が多すぎるということ。もうひとつは、質問者の好みや状況がわからないということ。

これはもちろんビールに限ったことではありません。例えば、「一番好きな本は何?」「おすすめの本を教えて」という質問をされると、どんな本を挙げたらいいか困りませんか? 世の中に星の数ほどもある本の中から1冊を選ぶのは至難の業です(困らない方もいらっしゃるかもしれませんが……)。

また、おすすめの本と言われても、漫画ではあの本、ミステリーではこの本、ノンフィクションでは……と、ジャンルによっていくつも挙げられると思います。また、ミステリーが好きな人にノンフィクションを強くおすすめしても、あまり受け入れられそうにもありません。

実は、ビールも世の中に星の数ほど銘柄があり、さらに、その味わいの幅はとてつもなく広いのです。そして、味わいの幅が広すぎるからこそ、一番好きなビールやその人に合ったビールを選びにくいと言えます。

しかし、ビールの味わいの幅が広いという事実はあまり知られていません。味わいの幅が広いというのは、ビールは苦いだけでなく、甘いビールや酸っぱいビールもある、ということです。ここ数年で「クラフトビール」が話題になってきていることもあり、か

つてのイメージのビールとは違う味わいのビールがあるということは、少しずつ認知されつつあります。

　ですが、まだまだ「クラフトビールは味が濃い」とか「クセがある」といったような印象を持っている人も多くいるようです。後述しますが、「クラフトビール」とは味を表す言葉ではありません。「クラフトビール」と呼ばれるビールの中でもさまざまな味があり、一概にこんな味と言うことはできないのです。

　繰り返しますが、ビールは味わいの幅が広いお酒です。味わいの幅が広いというだけではなく、造り方や飲み方もひとつではありません。本書が目指しているのは、味そのものの多様性やビールに対する関わり方の自由さを知ることで、ビールへの固定観念を取り払ってもらうこと。読み進めていただければ、「一番おいしいと思うビールは何ですか？」という質問に答える難しさをご理解いただけるのではないかと思います。

最も思い入れのあるビール

　とはいえ、実際に「一番おいしいと思うビールは何ですか？」と聞かれて「一番は挙げられないですね」と答えるわけにもいかないので、何かしらの銘柄を具体的に答えています。何か条件を付けて「ここ数日で飲んだビールの中では……」とか、「最近限定で発売された○○というビールはおいしかったですね」といった答え方をしているのですが、そういった客観的評価ではなく、さらに私自身の主観を入れた答えを求められることもよくあります。その場合は「最も思い入れのあるビール」を答えるようにしています。

COEDO毬花-Marihana-（コエドブルワリー）

　私自身が「最も思い入れのあるビール」。それは、埼玉県川越市に本社を置くコエドブルワリーが造るCOEDO毬花-Marihana-。と、具体的に銘柄を挙げてみましたが、思い入れという意味では、この銘柄というよりもコエドブルワリーが造るビールの銘柄すべてが当てはまります。

　コエドとは小江戸のこと。小江戸は、かつて江戸のように栄えていた町や、江戸との関係が深かった町に付けられる呼び名で、川越はその代表的な町のひとつ。他には、千葉県香取市の佐原や栃木県栃木市など、全国に小江戸と呼ばれる町はいくつかあります。

　私は以前、川越市周辺に住んでいたことがありました。蔵造りの町並みを散策したり、ユネスコの無形文化遺産にも登録された川越まつりを見に行ったりするだけでなく、生活の一部としての

川越の魅力を知っているので、コエドビール以前に川越に対しても思い入れがあります。

そして、コエドビールは川越で過ごす時間の一部に溶け込んでいました。町の酒屋に行けばコエドビールが置いてありますし、飲食店でもコエドビールを出す店は多くあります。また、プラカップでテイクアウトできる店もあり、コエドビールを飲みながら町を散策することもできます。歩いて少し体温が上がると、COEDO毬花-Marihana-のさわやかな香りとクリーンな苦味がとても心地よく感じられるのです。

現在は川越市から離れてしまいましたが、コエドビールは今でも好きでよく飲んでいます。飲めば川越を思い出す、そんな最も思い入れのあるビールなのです。

「ビール嫌い」は「ピルスナー嫌い」?

では、ここからはビールの多様性について紹介していきましょう。前述したように、ビールの味わいは幅広く、苦いものだけでなく、甘いものもあれば酸っぱいものもあります。つまり、「ビール」と言えばこんな味という決まった味はないということでもありますが、それはそれで困ったことにもなります。

例えば、昔の私のように、「ビールが飲みたい」と思って買ったビールが、そのときの気分に合わなかったということが起こり得るからです。爽快な味わいのビールがほしかったのに、買って飲んでみたらものすごく甘味の強いビールだった、というように。ビールにあまり興味を持っていない方が「物珍しさに見たことの

ないビールを買ったら、飲みたい味のビールではなかった」ということは実際によくあることだと思います。

ビールのラベルなどに書かれている説明を見れば、味わいが想像できる場合もあるのですが、興味がなければなかなかそこまでしっかり見て

いられません。しかし、ビールには「スタイル」(または「ビアスタイル」) という分類方法があり、多くのビールのラベルにはそのスタイル名が書かれています。「ピルスナー」「IPA」「ヴァイツェン」「スタウト」などがそれに当たるのですが、それさえ見つけられれば、だいたいの味わいは想像できます。

スタイルについてもう少し説明しておきましょう。スタイルは「種類」とも言えるでしょうか。「ヘアスタイル」という言葉を思い浮かべていただければ、なんとなく理解できるかと思います。主にビールの味わいで分類したビールの種類のことです。

実はビールには100種類以上のスタイルがあります。スタイルを規定している団体は世界中にいくつもあり、その団体によっては150種類以上としている場合もありますが、基本的なスタイルに対しての考え方はほぼ同じです。また、これまでにない新しいスタイルが生まれることもあり、今後、その数はどんどん増えていくでしょう。とにかく、ビールには分類できるものだけで100種類以上の味わいがあるということです。

では、種類と聞いて、頭の中にはどんなイメージが浮かぶでしょうか。アサヒスーパードライ、キリン一番搾り生ビール、サ

ッポロ生ビール黒ラベル、ザ・プレミアム・モルツなどを思い浮かべた方もいるかもしれませんが、それはスタイルではなく銘柄です。

アサヒスーパードライ（アサヒビール）

キリン一番搾り生ビール（キリンビール）

サッポロ生ビール黒ラベル（サッポロビール）

ザ・プレミアム・モルツ（サントリービール）

そして、それらのビールは、スタイルで言えばすべて同じ「ピルスナー」です。日本の大手ビール会社が造るビールは、大部分がピルスナーなのです。ちなみに、これらのビールにはピルスナーとは書かれていません。これは、大手ビール会社のビールについては、味わいの共通認識が一定程度できているから成立することだと考えています。

つまり、100種類以上あるスタイルのうち、ほとんどの方はひとつのスタイルしか知らないということが言えると思います。これがパンだったら、クロワッサンやパン・ド・ミ、菓子パンのアンパンといったような種類があることはご存知でしょう。ラーメンだったら、醤油、塩、味噌などがあるということもご存知かと思います。

しかし、ビールについてはピルスナーしか知らない方が多いのではないでしょうか。もっと言えば、ピルスナーという種類があるということも知らない方もいるはずです。ピルスナーしか知らないのはもったいない、もっと多くの種類があることを知ってほしい、というのが本書を執筆したきっかけのひとつでもあります。

ラーメンで言えば、醤油、塩、味噌の他に、豚骨ラーメンから派生した魚介豚骨といった比較的新しい種類のラーメンがあるにもかかわらず、仮に醤油ラーメンしか知らない、知られていないということであれば、それは残念なことです。

ラーメンには多くの種類があるということを知った上で、「やっぱり醤油ラーメンが一番！」ということであればいいのですが、やはり数多くの種類の中から状況に応じて好きなものを選択できるというのは幸せなことだと考えます。

ビールの話に戻りましょう。

誤解をおそれずに書くと、アサヒスーパードライ、キリン一番搾

カンティヨン・グース
（カンティヨン醸造所）

り生ビール、サッポロ生ビール黒ラベル、ザ・プレミアム・モルツは、スタイルが同じなので味の違いがわかりにくいとも言えるでしょう。もちろん、各社特徴があり、飲み比べれば違いはわかりますが、それはピルスナーというスタイルの中での違いです。

しかし、醤油ラーメンと味噌ラーメンの違いがわかるように、ピルスナーと酸っぱいビールの代表格であるランビックというスタイルとは明らかに違います。アサヒスーパードライとキリン一番搾り生ビールの違いがわかりにくいという方でも、アサヒスーパードライとランビックの代表的銘柄カンティヨン・グースの違いはすぐわかるはずです。なので、「ビールが嫌い」という方も、もしかしたらそれはピルスナーが嫌いなだけであって、他のスタイルは好きという可能性もあります。

ビールは苦いから嫌いとか、ビールとはこうあるべきといった思いを持っている方もいるかもしれませんが、選択肢が豊富にあると考えられるようになると、ビールを楽しめる世界が開けてくるのではないでしょうか。

造り方の多様性

では、その味わいの多様性はどこから生まれるのかというと、主にビールの造り方に起因します。ビールはどうやって造られる

かを考えてみたことはあるでしょうか。詳細は後述しますが、簡単にビールの造り方について説明しましょう。

　ビールは発酵食品のひとつです。発酵食品とは、微生物を利用して食材の風味などを変えたもの。大豆を発酵させて造ったものでは、醤油、味噌、納豆などがあり、小麦を発酵させたものではパン、牛乳を発酵させるとヨーグルトができます。ビールは、主に大麦の麦芽（モルト）を主原料とし、水やホップ、副原料を加え、その成分の一部を酵母がアルコールと二酸化炭素に変えた発酵食品です。

大麦。この種子を収穫して発芽させる（麦芽にする）と、その中の糖化酵素が活性化され、デンプンが糖へと分解される

ホップ。ビール独特の香りと苦味のもととなる。雑菌の繁殖を抑えたり、泡立ちや泡もちをよくしたりする効果もある

しかし、微生物によってできることは異なります。一口に発酵と言ってもさまざまな種類があり、ビールを造り出せるのはアルコール発酵をする酵母です。そのアルコール発酵をする酵母の中でも、ビールに適した酵母があり、ラガー酵母（下面発酵酵母）とエール酵母（上面発酵酵母）の2種類に大きく分けられます。ビールのスタイルも、使っている酵母の種類、ラガー酵母とエール酵母によって分けられるのです。

　ラガー酵母は、香りは強くなくすっきりした味わいのビールを造り出します。前述したピルスナーもラガー酵母を使って造られるスタイル。ただ、ラガー酵母を使えばすべてすっきりしたビールになるということではなく、香り自体はホップの使い方で強くすることもできますし、アルコール度数の高いどっしりとした味わいを造り出すこともできます。

　エール酵母は、フルーティーな香りのあるビールを造り出します。冒頭で紹介したよなよなエールのように、商品名などに「エール」と書いてあればエール酵母を使ったビール。よなよなエールもフルーティーな香りが特徴のビールで、エール酵母の特徴を生かしています。

　また、一口にラガー酵母、エール酵母と言っても、その中での種類がいくつもあります。例えばアサヒスーパードライには、アサヒビールが持つ318号酵母と呼ばれる酵母が使われていて、これはラガー酵母の一種です。他にも、アサヒビールは111号酵母、787号酵母など数百種類の酵母を保有していて、それぞれの酵母の特徴を生かしたビールを限定で販売していたこともあります。もちろん、他の大手ビール会社でも酵母の研究をしており、独自の酵母を使ってビールを造っています。

　その酵母がアルコールと二酸化炭素を造り出すために必要な

もの。それが糖です。ビール醸造に使われる糖は麦芽に含まれるデンプンが変化したもので、その麦芽にもいくつか種類があります。麦芽をビールの原料として使用する場合、焙燥・焙煎という工程を経るのですが、その焙燥・焙煎の具合によって麦芽の色が変化します。薄い色の麦芽から真っ黒な麦芽までさまざま。その麦芽の色が、できあがるビールの色に関係してくるのです。

　ピルスナーの場合は、比較的薄い色の麦芽がよく使われます。一方で、いわゆる黒ビールを造る場合は、ローストモルトと呼ばれる、色の黒い麦芽を加えます。少量加えるだけでビールの色が黒くなり、コーヒーやチョコレートのようなフレーバーを付けることもできるのです。

ビールの色は、主に麦芽の色によって変わる　　　　　写真：volff/stock.adobe.com

そして、ビールに香りと苦味をもたらすのがホップ。ホップはつる性の植物で、ビールに使われるのはその毬花（まりはな）と呼ばれる花のようでもあり実のようでもある部分※だけ。麦芽を砕いて水を加えた麦汁の中にホップを加えることで、ホップの苦味と香りが麦汁に付きます。特にその香りは品種によるところが大きく、オレンジやグレープフルーツ、ブドウ、マンゴー、紅茶などを思わせる香りまで再現することができます。

　他にも、フルーツやスパイスなどの副原料を加えることもあり、水の硬度によってもビールの味わいや色は変化します。こういった原材料の無数の組み合わせが、ビールの多様性を作り出していると言えるでしょう。

飲み方の多様性

　ビールと言えば、キンキンに冷えたジョッキでゴクゴク飲む。そんな印象を持っている方も多いと思いますが、それはあくまでも飲み方・楽しみ方のひとつであって、すべてではありません。

　副原料としてフルーツやスパイスを加えることがあると書きましたが、完成したビールにフルーツやスパイスを入れてもおいしく飲むことができます。例えば、カットオレンジを添えることで完成するビールとして、ブルームーン・ベルジャンホワイトがあります。

　ブルームーン・ベルジャンホワイトはアメリカのブルームーン・ブリューイングが造るビールで、現在はモルソン・クアーズが所有するブランドのひとつとなっています。もともとは、コロラド

※きゅうか、まりばなとも呼ばれる。雌花の付け根に出る葉で全体が覆われている

州デンバーにあるクアーズ・フィールドという球場内にある醸造所で造られていました。野球好きの方はご存知かもしれませんが、クアーズ・フィールドはコロラド・ロッキーズの本拠地で、1996年にはロサンゼルス・ドジャースの野茂英雄がノーヒットノーランを達成した球場でもあります。

ブルームーン・ベルジャンホワイト
（ブルームーン・ブリューイング）

　なお、このビールはアメリカで造られてはいますが、ベルジャン・ホワイトエールというベルギー発祥のスタイルのビールです。このように、ビール名にスタイル名が入っていると、どんな味わいなのかを想像することができるようになります。ベルジャン・ホワイトエールは原料に小麦を使用しており、オレンジピールとコリアンダーも副原料としてよく使われるビール。ということは、オレンジそのものも相性がいいと考えられます。

　ブルームーン・ベルジャンホワイトにもオレンジピールが使われていますが、相性のいいカットオレンジを添えることで、オレンジのフレーバーをより感じることができるのです。

　フルーツそのものでなく、ジュースなどのソフトドリンクで割る飲み方もあります。ドイツでラドラーと呼ばれている飲み物がいい例で、これはピルスナーとレモネードを1対1で割ったもの。誰でも簡単に作れるいわばカクテルですが、ドイツの醸造所では

商品としてラドラーを販売しているところもあります。

ラドラーとはもともと「自転車乗り」を意味する言葉で、サイクリング愛好者たちによく飲まれていたことから名付けられたと言われています。ただ、日本ではアルコールを飲んで自転車に乗ることは違法ですので、ご注意を。

他には、ホットビールという楽しみ方もあります。しかし、これはどんなビールでもいいというわけではありません。ピルスナーはあまり適しておらず、より香りが強いビール、どっしりとした味わいのビールなどが適しています。

例えば、神奈川県厚木市の醸造所サンクトガーレンが造るアップルシナモンエール。リンゴやシナモンを副原料として使用したビールで、そのまま飲んでもリンゴとシナモンのフレーバーを感じられておいしいのですが、ホットでも楽しめます。耐熱容器にビール、スライスしたリンゴ、シナモンを入れてレンジで2分弱。手軽においしいホットビールを作ることができるのです。

また、ベルギーのリーフマンス醸造所が造っているリーフマンス・グリュークリークというチェリーやスパイスを副原料として使用したホット専用ビールもあります。ヨーロッパのクリスマスマーケットではグリューワ

アップルシナモンエール（サンクトガーレン）

イン(ホットワイン)がよく飲まれていますが、そのビール版と言ってもいいでしょう。60度くらいに温めることで、より香りが引き立つようになります。

さらに、ビールを長期熟成させる方法もあります。ビールもセラーなどで寝かせることで、繊細かつ複雑な丸みを帯びた味わいへと変化していくのですが、どんなビールでもいいというわけではありません。大手ビール会社のビールは、むしろ早めに飲んだほうがそのおいしさを楽しめます。

リーフマンス・グリュークリーク
(リーフマンス醸造所)

長期熟成ができるのは、基本的に瓶内二次発酵が可能なビール。5年、10年、ビールによっては20年もの間、熟成させることができます。もちろん、適切な温度管理が必要ですが、同じ銘柄で熟成年数の違いを飲み比べてみるのも、ビールの楽しみ方のひとつでしょう。比較的入手しやすい銘柄としてはベルギーのスクールモン修道院が造るシメイ・ブルーがあります。シメイは他に、シメイ・レッド、シメイ・ホワイト、シメイ・ゴールドがありますが、シメイ・ブルーだけはラベルに醸造した年が記載されています。

ビールの楽しみ方はひとつではありません。ワインやウイスキ

ーでも同じことが言えますが、いろいろな飲み方を試してみて、自分の好みを見つけてみるといいでしょう。それまで気づかなかったビールのおいしさ、楽しさを発見できるかもしれません。

シメイ・ブルー（スクールモン修道院）

シメイ・レッド（スクールモン修道院）

シメイ・ホワイト（スクールモン修道院）

シメイ・ゴールド（スクールモン修道院）

第2章

「クラフトビール」が何かは誰もわかっていない

クラフトビールの定義が
固まっていない日本

　第1章では、ビールに対する固定観念を取り払っていただきたい、ということを軸にお伝えしました。ビールはキンキンに冷やしてゴクゴクと喉越しを楽しむだけのお酒ではないということを、少しだけでもわかっていただけたかと思います。

　ビールは造り方や飲み方が多彩で、味わいの種類であるスタイルも150種類以上あります。ピルスナー、IPA、ヴァイツェン、スタウトといったものがスタイルに当たりますが、その説明をする前に、もうひとつ説明しておきたい言葉があります。

　クラフトビールです。

クラフトビールという言葉が一般化しつつあり、個性的なビールを飲める場も増えている。写真は都内のビアバー

写真：時事

ここ数年でクラフトビールという言葉がよく聞かれるようになってきましたが、ではクラフトビールとは何かと聞かれると、明確に答えられる人は少ないのではないかと思います。明確に答えられたとしても、果たしてそれが正しいのかどうか。
　『デジタル大辞泉』の「クラフトビール」の項には、

> 『地ビール』に同じ。

とあります。では、「地ビール」はどう説明されているか調べてみると、

> その地方でつくられるビール。クラフトビール。

と書かれています。これでは意味がよくわかりません。
　現代用語事典の『知恵蔵』ウェブ版には比較的詳しく書かれていますので、抜粋して紹介しましょう。

> 特定の地域で限定生産された地域・店舗の固有ブランドとして認知されるビール。「地ビール」ともいう。小規模な会社によって特徴的な方法により製造されたビールで、独自の製法で醸造し、色や味わいに特徴がある個性的なものが多い。米国では麦芽100%の伝統的な製法によるビールをクラフトビールと定義付けているが、日本ではまだ厳密な定義付けはされていない。

　ここで重要なのは、「日本ではまだ厳密な定義付けはされていない」の部分です。『知恵蔵』に書かれている通り、日本ではクラフトビールの定義はまだないとされていました。クラフトビールとい

う言葉だけが認知されるようになってしまったことで、その定義・共通認識が形成されることなく使われるようになってしまったのです。

その結果、「クラフトビールはクセがある」「大手が造るビールはクラフトビールとは言えない」というような、先入観や固定概念とも言える考えに起因した意見も聞かれるようになっています。

ただ、これだけクラフトビールが認知され人気も高まってきたこともあって、クラフトビールとは何かを定義する動きも出てきています。

例えば、『知恵蔵』では「日本ではまだ厳密な定義付けはされていない」と書かれていますが、実は全国地ビール醸造者協議会（JBA）では、クラフトビールを明確に定義しています。日本の業界団体や企業においてこのような定義をオープンにしているのは、私が知る限りJBAだけです。同協議会のWebサイト（http://www.beer.gr.jp/local_beer/）から引用しましょう。

> （前略）このことから全国地ビール醸造者協議会（JBA）では「クラフトビール」（地ビール）を以下のように定義します。
> 1. 酒税法改正（1994年4月）以前から造られている大資本の大量生産のビールからは独立したビール造りを行っている。
> 2. 1回の仕込単位（麦汁の製造量）が20キロリットル以下の小規模な仕込みで行い、ブルワー（醸造者）が目の届く製造を行っている。
> 3. 伝統的な製法で製造しているか、あるいは地域の特産品などを原料とした個性あふれるビールを製造している。そして地域に根付いている。

簡単に言えば、「大手ビール会社を除いた小規模の醸造所が造る伝統的または個性あるビール」といったところでしょうか。これはビールファンをはじめとする一般消費者が共通認識として持っている考えとほぼ同じではないかと思っています。

しかし、なぜ「酒税法改正（1994年4月）以前から造られている大資本の大量生産のビールからは独立したビール造り」をしていなければならないのでしょうか。

例えば、第1章で紹介したヤッホーブルーイングは星野リゾートが親会社ですが、2014年にはキリンビールと業務・資本提携し、一部製品の製造をキリンビールに委託するようになりました。

つまり、JBAの定義に当てはめると、ヤッホーブルーイングのビールはクラフトビールではないと言えます。しかし、ヤッホーブルーイングは自社のビールをクラフトビールとしていますし、実際によなよなエールの缶にもクラフトビールという表記があります。また一般的にも、ヤッホーブルーイングのビールはクラフトビールとして認知されているように思われます。

このように、クラフトビールという言葉は定義がありつつも一般的な認識とは異なる部分があるのです。その意味で、私自身はあまりクラフトビールという言葉を安易に使いたくないと考えているのですが、クラフトビールという言葉があったからこそ、小規模醸造所が注目されるようになったという側面もあると思っています。

なので、クラフトビールという言葉には功罪ともにあるのですが、ひとつだけ確実に覚えておいていただきたいのは、クラフトビールという言葉は何か単一の味わいを表しているものではない、ということです。クラフトビールにもさまざまな種類の味わいがあり、「クラフトビールはクセがあるビール」という認識があるとすれ

ば、それは明らかに誤りと言えます。また、クラフトビールは、ピルスナーのようなスタイルの一種でもありません。

クラフトビールという言葉は便利ではありますが(また、定義をより明確にし厳格に運用するべきという意見もありますが)、消費者としてはあまりその言葉に惑わされないようにしたいものです。それよりも今、飲んでいる目の前のビールが自分にとっておいしいビールなのかどうかということのほうが、飲んでいるビールがクラフトビールなのかどうかを考えるよりも大切なことのような気がします。

なお、本書ではクラフトビールをひとまず「大手ビール会社を除いた小規模の醸造所が造る伝統的または個性あるビール」としておきますが、文脈によっては大手ビール会社を排除するものではないということだけ付け加えておきます。

では、地ビールとは？

クラフトビールと同様、地ビールとは何なのか気になっている方も多いのではないでしょうか。辞書にもクラフトビールとは地ビールのこと、と書かれていたりしますので、そのように理解している方が多いのもわかります。また、ひとまずは地ビール＝クラフトビールという理解でもいいのではないかとも思っています。

先ほどクラフトビールの定義で引用した全国地ビール醸造者協議会(JBA)も、「『クラフトビール』(地ビール)を以下のように定義します」と書いていますし、日本地ビール協会も名称を「クラフトビア・アソシエーション(日本地ビール協会)」といったように、

クラフトビールと地ビールを併記しています。

そう考えると、地ビール＝クラフトビールという認識で間違いないように思えますが、では、アメリカでクラフトビールと呼ばれているビール、例えばサンディエゴにある醸造所、バラストポイントのスカルピンIPAは地ビールと言えるのだろうか、という疑問が湧いてきます。

そもそもバラストポイントは2015年にコンステレーション・ブランズという大手ビール会社に買収されたため、厳密にはアメリカでもクラフトビールとは言えないという見方もありますが、日本ではアメリカのクラフトビールとして認識されていると言っていいと思います。しかし、これが地ビールかというと、そうは認識されていないのではないでしょうか。

スカルピンIPA
（バラストポイント）

ですので、地ビール＝クラフトビールという認識は、日本の醸造所が造るビールにおいては当てはまりますが、海外のビールには適用しにくいと考えています。

では、日本の地ビールとは何なのかについて、地ビールの誕生から簡単に説明しておきましょう。

1980年代以降、経済市場での規制を撤廃することで経済成長を目指す規制緩和が行われるようになりました。そのひとつが1994年の酒税法改正です。それまでは、ビールなどの年間最低製造量が2000キロリットル以上でないと参入できませんでしたが、これが60キロリットル以上に緩和されました。1リットルが缶ビール3本分とすると、2000キロリットルは缶ビール600万本に相

当します(60キロリットルは缶ビール18万本)。これは1日に約1万6000本醸造しなければならない量で、醸造するだけでなく販売することも考えると、相当な量です。しかし、酒税法改正後の60キロリットルであれば、1日約500本の醸造で可能になります。

では、なぜビール醸造の規制が緩和されたのでしょうか。これは、神奈川県厚木市のブルワリーであるサンクトガーレンの岩本伸久氏の行動によるところが大きいと考えられています。

岩本氏とその父は、アメリカで飲んだ華やかな香りのビールを自分たちでも造れないかと模索していたのですが、1994年以前の日本では製造量年間2000キロリットル以下の小規模醸造は認可されていませんでした。そのため、小規模醸造が可能なアメリカでビールを造って日本に輸入。それがアメリカのメディアで日本の規制の例として取り上げられたこともあり、日本でも規制緩和へと進んでいくことになったのです。

このように酒税法が改正されて、小規模でも醸造所を立ち上げることができるようになりました。以降、小規模醸造所がいくつも立ち上がり、1998年には醸造所の数が300を超えたのです。これがいわゆる地ビールブームです。

1970年代以降、日本酒のブームとして地酒ブームが起こりました。地酒とはその土地で造られるお酒のことを指しますが、1994年の酒税法改正以降にはビールの醸造所が

YOKOHAMA XPA(サンクトガーレン)

全国各地で造られるようになり、地酒と同じような意味合いで地ビールという言葉が生まれたのです。

しかし、この地ビールブームは1998年がピークでした。300以上あったブルワリーが、2003年頃には200ほどにまで減少。地ビールブームは数年で終焉を迎えたのです。

ピルスナー（エチゴビール）
＊日本の地ビールの第1号

地ビールブームが終わってしまった理由は、2つあると考えられています。

ひとつは、値段が高かったこと。1995年頃、大手ビールは350ミリリットル缶で220円くらいの値段設定でした。一方で、地ビールは500円を超えるものも珍しくなく、800円、900円くらいの値段で売られているものもあったのです。

ただ現在、クラフトビールと呼ばれているビールも、大手のビールより高いものばかりですが、それでも人気のビールがいくつもあります。当時の地ビールと何が違うのかというと、クオリティの差でもあると考えられています。

地ビールブームが終わってしまったもうひとつの理由が、クオリティの低いビールが多かったということです。規制が緩和されたことで、異業種からの参入も多く、また安易な町おこしのための商品として造られたビールもありました。そういったビールはクオリティが安定せず、大手のビールと比較され「高くてまずい」という印象を持たれてしまいました。

すべての地ビールがそうだったわけではありませんが、消費者に

そのような印象を持たれたことによって、徐々に地ビールは飲まれなくなっていったのです。

しかし、そうやってクオリティが保てない醸造所が淘汰されていく一方、ヤッホーブルーイングや常陸野ネストビールの木内酒造、エチゴビールなど、しっかりしたクオリティのビールを造り続ける醸造所は今でも生き残り、クラフトビールの醸造所として評価されています。

このように、2000年前後で地ビールブームが終焉を迎え、2010年以降のクラフトビールブームに移っていくのですが、私は2つのブームには大きな違いがもうひとつあると考えています。

それは、多様性への意識の違いです。

現在では、ビールなどの商品に限らず、あらゆるシーンで多様性が求められる時代になりました。例えば働き方の多様性であったり、生物多様性といったことな

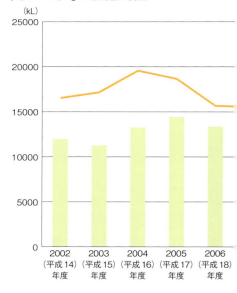

「地ビール等※1」の販売量の変化

国税庁「地ビール等製造業の概況」にもとづく。2007年度以降、中小の醸造所による販売量が増えていることがわかる

どが挙げられるでしょう。これらは、価値観の多様性とも言えます。つまり、ビールにも多様性があってもいいという価値観が認められてきたと考えているのですが、地ビールブームの頃にはそこまで消費者の価値観が育っていなかったのではないかと思います。

言い換えると、第1章でも述べたビールに対する固定観念が、多くの消費者に存在していたのが地ビールブームの時代。その固定観念が徐々に変わってきたのがクラフトビールブームだと言えるのではないでしょうか。

※1 アサヒビール、オリオンビール、麒麟麦酒、サッポロビール、サントリーなどの大手、および試験製造免許を除いた業者のビール
※2 国税庁が調査して回答を得られたもので、実際の製造業者数とは限らない。回答率は79.3〜92.1％で推移

アメリカでの定義

　ここまで日本のクラフトビール、地ビールについて述べてきましたが、アメリカでの定義についても書いておきましょう。

　なぜアメリカなのかと疑問に思う方もいらっしゃるでしょう。ビールと言えば、ドイツやベルギーではないのだろうかと思われるかもしれませんが、最初にクラフトビールという言葉を明確に定義したのは、アメリカのブルワーズ・アソシエーション（醸造家協会、Brewers Association）の創設者チャーリー・パパジアンだとされています。

　アメリカのブルックリン・ブルワリーの共同創業者スティーブ・ヒンディによる『クラフトビール革命』にはこう書かれています。

> パパジアンは『ニューブルワー』誌一九八七年三〜四月号に「名前がなんだ」と題されたコラムを掲載。その記事で、現存するさまざまな種類のブルワリーの定義や分類を初めて試みた。これは「クラフトブルワリー」とそれ以外を区別する初の試みだった。※

　つまり、1987年以前からクラフトビール、クラフトブルワリー（醸造所）という言葉はあったと思われますが、明確に定義されたのは1987年だということです。

　ちなみに、ブルワーズ・アソシエーションのデータによると、1987年当時のアメリカには150軒の醸造所がありました。それが2017年現在では、6372軒もの醸造所（うちクラフトブルワリーは6266軒）にまで増えています。現在の日本にあるブルワリーは約

※出所：スティーブ・ヒンディ/著、和田侑子/訳『クラフトビール革命』（ディスクユニオン、pp.79〜80、2015年）

300軒と言われているので、その差は20倍以上。アメリカは国別の醸造所数でも1位で、2位のイギリスが2250軒、3位のドイツが1408軒(2016年現在)と、かなり差が開いています。

このように、クラフトビールという言葉はアメリカで作られたもので、醸造所数も世界一ということもあり、現在ではアメリカは世界中から注目されるビール大国となりました。

では、そのアメリカのブルワーズ・アソシエーションはクラフトビールをどう定義しているのかですが、実はクラフトビールについては定義していません。ただ、クラフトブルワリーについては次のように定義しています(要約)。

Small (小規模な)
年間生産量が600万バレル(約70万キロリットル)以下。

Independent (独立した)
クラフトブルワリーでない酒類製造業による資本が25%以下。

Traditional (伝統的な)
醸造量の大部分を、伝統的または革新的な原料・醸造方法で造られたビールで占める。

簡単に説明しましょう。

まず「Small」ですが、70万キロリットル以下と具体的に数字が示されています。この量がどれくらいかというと、実は日本の大手ビール会社のひとつ、サッポロビールの年間生産量67万2596キロリットル(ビール、発泡酒、新ジャンルなど。2016年12月時点)とほぼ同じなのです。

もちろん、アメリカの年間ビール消費量は日本の約4.5倍もあるので単純な比較はできないのですが、70万キロリットルは「Small」とは言いにくい量で、日本の状況にそのまま当てはめるのは少々無理があります。

　次に「Independent」ですが、つまりは大手ビール会社やその他酒類製造業の資本が多く入っている醸造所や大手ビール会社自体を除外するものでしょう。ただ、日本では常陸野ネストビールや湘南ビールのように日本酒の酒蔵が造っているビールブランドもあり、前述したヤッホーブルーイングはキリンビールによる資本が33.4％を占めています。

　これらは日本ではクラフトブルワリーと一般的に認知されていますが、この定義を当てはめるとクラフトブルワリーではなくなってしまいます。

　最後の「Traditional」は、現在の日本でも通用する定義かもしれません。ただ、節税型の発泡酒や「新ジャンル」は、伝統的なビールの造り方とは異なるため、それらを含めることはできないでしょう。

　繰り返しますが、これはクラフトブルワリーの定義であって、クラフトビールの定義ではありません。ブルワーズ・アソシエーションはクラフトビールについて定義していませんが、「いくつかの考え」のひとつとして、クラフトビールについて「一般的に大麦麦芽のような伝統的な原料で造られており、その独自性を出すために伝統的ではない原材料も時には使用される」としています。

　このように、クラフトビールという言葉を作ったアメリカでの定義を、日本の現状に当てはめるのは難しい状況だと考えます。

　難しくなってしまった理由のひとつは、地ビールとクラフトビールがまったく別のルーツであるからだと思われます。地ビールは

1994年の酒税法改正によって日本で生まれたもの、クラフトビールは1980年代にアメリカで生まれ、日本をはじめとする全世界に広がっていったものなのです。

ですので、「ひとまずは地ビール＝クラフトビールという理解でもいいのではないか」と書きましたが、それぞれが誕生した背景は異なり、日本では明確な定義はしにくいということも併せて理解していただければと思います。

小規模醸造所用のステンレス製設備　　　　　　　写真：master_c/stock.adobe.com

アメリカでクラフトビールが生まれた理由

　日本で地ビールが生まれた理由については前述の通りです。次はアメリカでクラフトビールが生まれた背景についても説明しておきましょう。クラフトビールが生まれて発展するようになった理由には、大きく3つあると考えています。

　ひとつは、1965年にまで遡（さかのぼ）ります。当時、経営が厳しくなっていたサンフランシスコのアンカー・ブリューイングという醸造所を、フリッツ・メイタグという人物が買い取った年です。

　アンカー・ブリューイングは、1849年にドイツ人醸造家がカリフォルニアのゴールドラッシュを目指してやってきたことに端を発します。そのドイツ人による醸造所が、1896年にアンカー・ブリューイングと名乗るのですが、幾度となく経営の危機に陥り、結果、1965年にメイタグが買い取ることになりました。

アンカースチームビール（アンカー・ブリューイング）

その頃のアメリカでは、大手ビール会社による没個性的で軽い口当たりのビールばかりが飲まれていました。そんな中、メイタグは1971年にアンカースチームビールというすっきりした飲み口と華やかな香りが同居したビールを復活させます。スチームビールとは、本来低温で発酵させるラガー酵母を、カリフォルニアの温かい温度帯で発酵させることによって生まれたもの（スチームビールはアンカー・ブリューイングの登録商標となっており、同じような造り方をするビールはカリフォルニア・コモンビールというスタイル名で呼ばれています）。ゴールドラッシュの時代にはカリフォルニアの至るところで造られていたビールですが、1920年〜1933年に施行された禁酒法の時代を経て、スチームビールを造る醸造所はアンカー・ブリューイング以外にほとんどなくなってしまっていました。

こうしてメイタグがアンカー・ブリューイングを買い取り、アンカースチームビールを復活させたことは、ある意味でその当時のビールに対するアンチテーゼであり、アメリカのクラフトビールシーンの転換点とも言えます。その後、小規模醸造所が徐々に造られていくようになりました。

2つ目の理由は、1972年にアメリカ産ホップのカスケードという品種がリリースされたこと。ホップはビールに香りと苦味をもたらす植物で、品種によってその特徴が異なります。現在、アメリカ

ホップの毬花　　　　　　写真：Michael Styne

のクラフトビールが世界中で人気になっているのは、アメリカ産ホップ由来の特徴的なフレーバーによるところも大きいのですが、そのアメリカ産ホップの元祖とも言える代表的な品種がカスケードなのです。

カスケードは柑橘系の香りが特徴的で、ビールの醸造に使用するとグレープフルーツをはじめとする柑橘系の香りを作り出すことができます。このカスケードを使って、1975年にアンカー・ブリューイングが**アンカーリバティーエール**を醸造。1980年にはシエラネバダ・ブリューイングが**シエラネバダ・ペールエール**を造りました。ともに柑橘系の香りが魅力のビールで、アメリカンスタイルの元祖とも言えるような存在です。このようにアメリカ産ホップを使ったビールが、アメリカンスタイルのクラフトビールとして、世界中で飲まれるようになっていくのです。

3つ目の理由としては、ホームブルーイング（自家醸造）が1979年に解禁されたことが挙げられます。

アンカーリバティーエール
（アンカー・ブリューイング）

シエラネバダ・ペールエール
（シエラネバダ・ブリューイング）

醸造量は限られていましたが、家庭で飲む範囲であればビールを醸造することが許されるようになったのです。ホームブルーイングが合法化されたことで、趣味としてビールを造る人が増えました。そうなると、自分でおいしいビールを造れるのであれば、趣味ではなく醸造所を立ち上げて仕事にしてしまおうと考える人たちも現れました。

そして、合法化されたホームブルーイングを広めたのが、ブルワーズ・アソシエーションの創設者、チャーリー・パパジアンです。こういった背景があったことでアメリカにおいてクラフトビールが生まれ、世界中に広まっていったと考えています。

なお、日本ではいまだホームブルーイングは合法化されていません。ビールに限らず、1%以上のアルコールを醸造することは違法となっています。ですので、残念ながら自分でビールを造ることはできませんが、日本でもホームブルーイングが合法化されるようになれば、ビールに興味を持つ人も、醸造所を立ち上げる人も増え、ビールがもっと身近になるのでは……と考えています。

クラフトビールの定義よりもビアスタイルが重要

ここまで主にクラフトビールと地ビールについて説明してきましたが、特に覚えておいていただきたいことは次の2点です。

- クラフトビール、地ビールという言葉は、単一の味わいを表しているものではない
- クラフトビールの明確な定義はない

私個人としては、クラフトビールや地ビールという言葉を使うのではなく、すべて「ビール」でいいのではないかと思っています。醸造所の規模で評価を変えたり、クラフトビールの定義を明確にしたりすることは、本質的な議論ではないように思うのです。目の前のビールが自分にとっておいしいビールなのか、思い入れのあるビールなのか、そして今飲みたいビールなのかということがより重要であると考えています。

　とはいえ、さまざまな味わいのビールをすべて「ビール」とするのは、一般化しすぎているのでは、と思われるかもしれません。

　ですが、例えばパンを思い浮かべてみてください。

　スーパーやコンビニに行けば、大手メーカーのパンがずらりと並んでいます。また、スーパーによってはその店舗内で焼いたオリジナルのパンを販売しています。その一方で、街には地元の人たちに愛される個人経営の小さなパン屋もあります。

　大手メーカーのパンであろうと、小さなパン屋のパンであろうと、すべて「パン」であって、小さなパン屋が作るパンを「クラフトパン」とか「○○パン」と呼ぶことはありません(「手作りパン」くらいの表現はあるかもしれませんが)。すべてのパンを「パン」と呼ぶことにあまり抵抗はないのではないでしょうか。

　なぜなら、パンにはさまざまな種類があり、その種類と特徴をみんながある程度知っているからです。いわゆる食パン、クロワッサン、パリジャン、カレーパンなど、どんな形状でどんな味わいなのか、多くの人が想像できると思います。

　そして、大手メーカーが作るパンと地元の小さいパン屋が作るパンを、シーンや気分によって選択できる。これはとても幸せなことで、そこに「手作りパン」の定義を明確に設定する必要性は感じません。

ビールもパンと同じように、クロワッサンやあんパンのような種類に当たるものがもっと認知されるようになれば……と思うのですが、実はそれに当たるものが、これまでに何度か出てきているピルスナー、スタウト、IPAといったスタイルなのです。

大手ビール会社が造るビールと小規模醸造所が造るビールを、シーンや気分によって選択できる。そして、それだけの選択肢が身近にあるという状況は、非常に魅力的ではないでしょうか。

　ただ、ビールはアルコール飲料で子どもは飲めませんし、飲めるシーンもパンより限定されてしまいます。また、ホームブルーイングも認められておらず、税金の問題もあります。そういった意味でパンより身近には感じにくいのですが、ビールの種類、つまりスタイルを知ることで、ビールの世界は広がっていくと思っています。

　クラフトビールという言葉は、コミュニケーションの上で便利なものです。クラフトビールの定義がないとはいえ、なんとなく共通理解が得られそうな言葉だからなのですが、これが味わいを表している言葉ではないということは、これまでに書いた通りです。

　では、食パン、クロワッサン、パリジャンなどに当たるビールのスタイルには、どんなものがあるのか。そしてどんな特徴があるのかを紹介したいと思いますが、その前に、ビールの歴史とその造り方について次章で簡単に解説しておきましょう。ビールのスタイルは、ビールの歴史と造り方に密接に関わってくるため、少しでも知っておくとスタイルの理解が深まると思います。

第3章

これだけは知っておきたい
ビールの歴史と造り方

古代から中世までのビール

　ビールは長い歴史のあるお酒です。まずは、古代のビールから解説していきましょう。もちろん、現在造られているビールの味わいとはまったく違うもので、造り方も異なります。

　古くは紀元前3000年のメソポタミア。モニュマンブルー（醸造の記念碑）と呼ばれる石版が見つかっており、これがビールに関する最古の記述だと言われています。ただ、これは最古の記述というだけで、ビールが最初に造られたのはいつなのかということははっきりわかっていません。

　古代エジプトでもビールが造られていたという記録があります。ピラミッド内の壁画にもビール造りを描いていると思われるものがあり、ピラミッド建設に従事している人たちにもビールが配給されていたようです。この頃のビールは濁っていて泡はなく、酸味の強い味わいだったとされています。滋養強壮にもよい、健康飲料としての側面がある飲み物でした。

　これら古代のビールは、麦からパンを作って水に浸し、自然発酵により造られたと考えられています。もともとは偶然の産物だったものが、古代エジプトではビールの醸造所が造られるまでに発展していきました。

ビール造りの様子を表すエジプトの木像。　紀元前1981〜1975年のもの　　所蔵：メトロポリタン美術館

一方、ギリシャ・ローマが中心として発展していた時代のヨーロッパでは、お酒と言えばワインが中心でした。この地域ではワイン醸造に適したブドウが育ちやすかったという理由が挙げられます。具体的には、ワインベルトと呼ばれる北緯30度～50度に当たる地域で、現在の国名で言えばフランス、イタリア、ドイツ、スペインといった国々です。

これよりも北の地域では、ゲルマン人やケルト人たちがブドウではなく麦を使ったお酒であるビールを造っていました。ワインベルトから外れていたため、ワインに適したブドウが育たず、麦でお酒を造るしかなかったのです。その後、ゲルマン人の大移動によってビールがヨーロッパ中に広まっていきます。

そして、ヨーロッパでビール醸造が盛んになってきたのは中世初期から。当時のヨーロッパは修道院による地域コミュニティが基盤となっており、修道院でビールが造られていました。古代エジプトのような滋養強壮の意味もあり、また、衛生的な飲み水が確保しにくかったヨーロッパでは、煮沸して造るビールは衛生的で水代わりでもあったのです。また、8世紀にヨーロッパの大部分を支配し、各地の荘園にビール醸造所を造るよう指示したカール大帝による影響も大きいものと考えられています。

なお、この頃のビールには、グルートと呼ばれる複

ビールの醸造を11世紀から始めたと言われるスクールモン修道院。写真は現代のもの　写真：Jean-Pol GRANDMONT

数のハーブを調合したものが使われていました。現在のビールに使われているホップもハーブの一種。ホップがいつからビール醸造に使われ始めたのか、はっきりとはわかっていませんが、ホップのさわやかな香りや苦味が好まれ、またその腐敗防止効果もあって、9世紀頃から徐々に使われるようになっていきました。そして、15世紀頃にはビールに使われるハーブとして、完全にホップがグルートに取って代わったと言われています。

　15世紀になると、新しいビールの造り方が知られるようになってきます。

　もともと、ビール造りに適した期間は9月から翌年3月まででした。冷蔵設備がない時代は温度管理ができず、夏の暑い時期にはビールが腐敗しやすいという問題があったのです。ただ、冬に気温が低すぎると発酵が進まないということもありました。

　しかしこの頃、低温でも問題なく発酵するビールができあがり、春先まで洞窟などで貯蔵する方法がわかってきました。それが、「貯蔵」を意味する「ラガー（Lager）」という言葉から名付けられたラガービールです。それまで造られていたエールに比べ、ラガーはさわやかな味わいで雑菌の繁殖を抑えられることもあり、徐々にラガーが広まっていきました。

16世紀のビール造りの様子　　図：Jost Amman

　このように、冷蔵設備

もなく温度管理が難しい時代には、ビールの品質を安定させることは至難の業であったことは理解いただけると思います。中世のビールと近代以降のビールを分けるもののひとつには、品質の安定が挙げられると思いますが、それにはビール純粋令と3つの発明が関わってくるのです。

ビール純粋令とビールの三大発明

　ビール好きの方であれば、ビール純粋令という言葉を聞いたことがある人も多いのではないでしょうか。1516年、バイエルン公国のヴィルヘルム4世によって制定された法律で、ビールの原料を大麦、ホップ、水のみと定めたものです。酵母の存在がわかってからは、これに酵母も追加されました。

　ビール純粋令を定めた理由のひとつに品質の安定化が挙げられます。当時のバイエルンで飲まれていたビールは、大麦以外の穀物やスパイス、ハーブなど、場合によっては人体に悪い影響を与えるもの

バイエルン公ヴィルヘルム4世
図：Hans Wertinger、所蔵：バイエルン州立絵画コレクション

まで使用されていました。こういった粗悪なビールを排除することによって、品質の安定化が図られたのです。

　また、もうひとつの理由は小麦の使用制限が挙げられるでしょう。小麦はパンの原料でもあるため、食料確保の目的で小麦が優先的にパンに使われるよう、ビールへの使用を制限したものです。しかし、バイエルンで小麦を使用したビールにヴァイツェンというスタイルがありますが、ビール純粋令施行以降は利権を持った領主の醸造所だけがヴァイツェンを醸造できるようになり、その利益を独占していました。そういった側面もある法律ですが、品質の安定化に寄与した意味は大きく、後にドイツ全土まで適用されることになります。

　そして、3つの発明とは近代の技術革新によるものです。時系列に沿って紹介しましょう。

　ひとつは、カール・フォン・リンデのアンモニア式冷凍機です。夏の暑い時期には温度管理ができずビール造りには適していないと書きましたが、それを可能にしたのがこの発明。1873年にリンデがアンモニア式冷凍機を開発したことで簡単に氷を作り出せるようになり、ビール醸造がどの季節でも可能になりました。

　もうひとつはルイ・パスツールによる低温殺菌法。パスツールは酵母の働きで発酵が行われることを突き止め、腐敗は細菌の働きによるものだということを明らかにしました。1876年には「ビールに関する研究」と題して、低温(50～60度)で20～30分加熱することによって酵母と細菌の働きを止めるという内容の論文を発表。現在でも、ビールはもちろんそれ以外の食品についても使われている殺菌方法です。

　最後は、エミール・クリスチャン・ハンセンが1883年にその方法を確立した、酵母の純粋培養法です。酵母が発酵に関わって

いることはわかっていましたが、ビール醸造に適した酵母だけを選び出し、それを培養できるようになりました。これで均一な味わいのビール醸造が可能になったのです。

この3つの発明によって、ビールの近代化が進みました。リンデによって季節を問わずビールが造れるようになり、パスツールによって品質の安定化が進み、ハンセンによってビールを大量生産できるようになりました。これがビールの三大発明と呼ばれているものです。

このように、ビールは近代産業技術とともに発展してきたのですが、それは現在でも同じこと。技術が進化することで新しいビールの醸造方法も開発され、それに伴ってまたビールの多様性が広がっていくのではないでしょうか。

ビールの三大発明

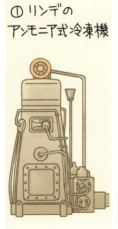

① リンデの
アンモニア式冷凍機

② パスツールの
低温殺菌法

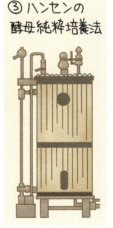

③ ハンセンの
酵母純粋培養法

そもそもビールとはどんな酒なのか

さて、近代までビールがどのように造られてきたかを書いてきましたが、ここからは、そもそもビールとはどんなお酒なのか、そして現在のビールはどのように造られているのかについて紹介しておきましょう。

ビールはどんなお酒なのでしょうか。意外とこの質問に答えるのは難しいのではないかと思います。

お酒は造り方によって大きく次の3つに分けることができます。醸造酒（ビール、ワイン、日本酒など）、蒸留酒（ウイスキー、ブランデーなど）、混成酒（リキュール、梅酒など）です。

醸造酒は、酵母によって原料を発酵させて造るお酒です。蒸

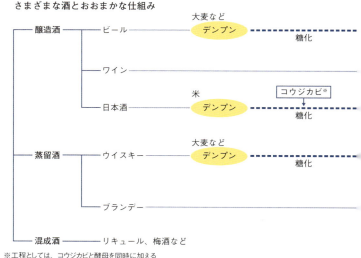

さまざまな酒とおおまかな仕組み

※工程としては、コウジカビと酵母を同時に加える

留酒は、醸造酒を蒸留して造るお酒。混成酒は、醸造酒や蒸留酒にフルーツやハーブなど別の原料を加えて造ったものです。

ビールは醸造酒に当たります。ビールを造る場所はビール工場と呼ばれることもあるため、ビールは工業製品のように思われるかもしれません（もちろん近代工業技術の上に成り立っているものです）。しかし、酵母という生物がいなければ製造できないものなのです。

その酵母は糖を食べて麦汁を発酵させるのですが、ブドウにもともと含まれる糖を発酵させるワイン（単発酵酒）と違い、原料の麦に糖が含まれないため、麦のデンプンを糖に変えてから発酵させます（単行複発酵酒）。

なお、日本酒も醸造酒ですが、デンプンを糖に変えるのと同時に発酵を行うという点でビールとは異なります（並行複発酵酒）。

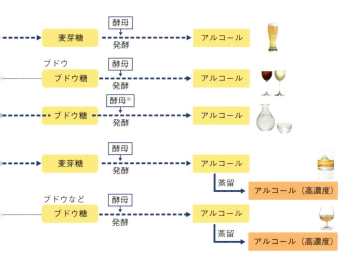

ちょっと難しい言葉が続きましたが、まずビールは醸造酒であるということを覚えておいてください。
　では、ビールはどんな特徴がある醸造酒なのでしょうか。日本では、ビールについて酒税法第三条で次のように定めています。

> 十二　ビール　次に掲げる酒類でアルコール分が二十度未満のものをいう。
> 　イ　麦芽、ホップ及び水を原料として発酵させたもの
> 　ロ　麦芽、ホップ、水及び麦その他の政令で定める物品を原料として発酵させたもの（その原料中麦芽の重量がホップ及び水以外の原料の重量の合計の百分の五十以上のものであり、かつ、その原料中政令で定める物品の重量の合計が麦芽の重量の百分の五を超えないものに限る。）
> 　ハ　イ又はロに掲げる酒類にホップ又は政令で定める物品を加えて発酵させたもの（その原料中麦芽の重量がホップ及び水以外の原料の重量の合計の百分の五十以上のものであり、かつ、その原料中政令で定める物品の重量の合計が麦芽の重量の百分の五を超えないものに限る。）

　法律の条文なので少々意味がわかりにくいですが、大胆に簡略化して言ってしまえば、ビールは麦芽を主原料とした醸造酒、ということです。
　なぜここまで簡略化したかというと、「アルコール分が二十度未満のもの」と書いてあっても、実は世界にはアルコール分20度以上のビールもありますし、「麦芽、ホップ、水及び麦その他の政

令で定める物品を原料」といってもホップを使わないビールもあります。また、果実などを大量に副原料として使用したビールもあります。

日本では酒税法でこのように規定されているというだけで、これに当てはまらなくても世界ではビールと呼ばれているものがあるのです。例えば、日本で発泡酒とされていても、世界ではビールとされているものがありますが、世界のビールとビール文化を知るためには、日本の酒税法の範囲外の「ビール」もすべて含めて考えてみるべきだと考えます。本書で言うビールとは、日本の酒税法に準拠するものではなく、「麦芽を主原料とした醸造酒」だと考えていただければよいかと思います。

日本でのビールの定義と発泡酒との違い

ここで発泡酒についても解説しておきましょう。

発泡酒は大きく分けて2種類あることをご存知でしょうか。ひとつは、麦芽の量を減らすことで酒税を安く抑えた節税型の発泡酒。もうひとつは、日本の酒税法で認められていない原料を使った発泡酒です。

節税型の発泡酒は2000年頃をピークとして特に話題となった。写真は当時のスーパーホップス・マグナムドライ(サントリー)売場
　　　　　　　　　　　　写真：時事

節税型発泡酒とされるものは、麦芽比率をビールに満たない割合まで下げることで酒税が350ミリリットル当たり約62円または約47円と抑えられています（ビールの酒税は350ミリリットル当たり約77円）。そのため「ビールの味に近づけた、ビールではない安いお酒」というネガティブなイメージも付いてしまいました。

　そして、日本の酒税法で認められていない原料を使った発泡酒には、ベルギー発祥のスタイルであるベルジャン・ホワイトエールなどがありました。酒税法で認められていたのは、麦芽・ホップ・水・麦・米・とうもろこし・こうりゃん・ばれいしょ・デンプン・糖類などで、これら以外の原料を少しでも使うと、麦芽比率が約67％以上という当時の「ビール」の基準を満たしていても、「発泡酒」とされていたのです。

　ベルジャン・ホワイトエールはオレンジピールやコリアンダーを使うことが多く、オレンジピールがひとかけらでも入っただけで日本では発泡酒とされていました。例えば、ヒューガルデン ホワイトがそうですが、もちろんベルギーではビールとされています。

　しかし、ヒューガルデン ホワイトのように麦芽比率が高いにもかかわらず酒税法で認められていない原料を使うことで発泡酒となってしまったも

ヒューガルデン ホワイト

のは、発泡酒という名前で扱われていてもビールと同じ税率だったのです。このようにビールがビールとして扱われない状態は、EUからも非関税障壁だとして、ビールとして扱うように求められていました。

そして、2018(平成30)年4月1日に酒税法が改正され、ビールの定義が変わったのです。それまでは約67％以上と規定されていた麦芽比率が50％以上となり、それまで認められていた以外の原料(果実・香辛料・ハーブ・野菜・茶・かつお節など)も、使用する麦芽量の5％以内で使用することが可能になりました。現在では、ヒューガルデン ホワイトのようなベルジャン・ホワイトエールもビールと表記されています。

ビールの定義の変化

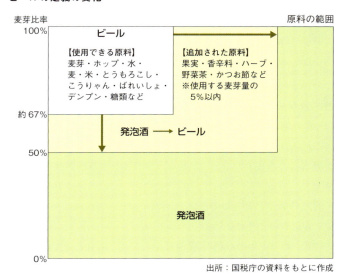

出所：国税庁の資料をもとに作成

また、酒税法は今後も段階的に改正され、2026年にはビール、発泡酒、「第3のビール」の酒税が350ミリリットル当たり約55円に一本化される予定です。ビールとしては減税、発泡酒、「第3のビール」としては増税となります。

　ビール醸造について、酒税法の縛りはまだまだありますが、2018年の酒税法改正は日本のビールシーンを変える一歩となると考えています。ビールの定義が広がることで、味わいの多様化につながり、日本のビール文化も豊かになっていくきっかけになるのではないでしょうか。

ビールの原材料

　では、ビールの原材料について、改めて確認していきたいと思います。

　ビールの原材料は、麦芽（モルト）、ホップ、水、酵母、副原料に分けられます。また、それぞれに多くの種類があり、それらを掛け合わせることで無限の味わいを造り出すことができるのが、ビールの魅力のひとつでもあると言えるでしょう。

　これらの原材料をどう使うかによってビールの見た目や味わいが異なってきますので、それをどうデザインするかが醸造家の仕事です。

　前述の通り、ビールの三大発明によって、ビールは一年中どこででも造れるようになりました。

　ワインはブドウの収穫時期（9月から10月）に合わせて醸造時期が決まっており、クオリティもブドウそのものの品質に左右され

やすいものです。しかしビールは、収穫した麦やホップを長期間保存できるため、決まった醸造時期がもはやなくなってしまっています。そういう意味では、ビールは気候やその年の自然環境に左右される部分は小さくなっており、醸造家がどうビールをデザインするかという点が重要になってくるのです。

言ってみれば、ビールの原材料は絵の具であり、それを使ってどんな絵（ビール）を描き出すかに価値があると考えられます。そのデザインのための絵の具である原材料を紹介していきましょう。

◉ 麦芽

ビールは麦芽（モルト）を主原料とした醸造酒です。

なので、原料として最も重要なのは麦芽と言って差し支えないと思います。では、麦芽とは何でしょうか。ただの麦とは違うのでしょうか。

ビール造りに使われる麦芽を、このように粉砕して醸造に使用する
写真：Takeru/stock.adobe.com

発芽する大麦の種子　　　　　　　　　　写真：Gail Ann Williams/stock.adobe.com

　麦芽は、その漢字からわかる通り、麦を発芽させたもの。発芽していない麦からビールを造ることはできず、必ず麦を発芽させる必要があります。

　なぜ発芽させるかというと、発芽前と後ではその内部に持っている成分が変わってくるからです。

　ビールに限らず、発酵によってアルコールを造り出すには、酵母の働きが必要です。酵母は糖を食べて、アルコールと二酸化炭素を造り出すため、原材料に糖がないとアルコールを造り出せないのです。

　しかし、麦には糖がありません。なので、収穫した麦そのものではビールは造れないのですが、実は麦を水に浸して発芽させる

ことで、その内部にある酵素が活性化します。その酵素がデンプンを糖に変換することで、酵母の食べる糖が作られるというわけです。

　少々難しい話かもしれませんが、これと同じようなことをわれわれも意識せずに実行しています。

　米をよく噛(か)んで食べると甘く感じるようになりませんか？　実は、人間の唾液にも酵素が含まれていて、米の主要成分である炭水化物(ほとんどがデンプン)を酵素が糖に変えています。なので、米を噛んでいると甘く感じるのです。

　古代には口噛み酒と言って、穀物を噛んで吐き出したものを発酵させたお酒がありました。これも同じことで、口の中の酵素が穀物のデンプンを糖に分解し、空中に漂っている酵母がその糖からアルコールを造り出していたのです。

　この酵素が、麦を発芽させるときに麦芽の内部で活性化します。

　酵母、酵素と似たような名前が出てきてわかりにくいかもしれませんが、酵母は菌類の一種で単細胞生物です。酵素はタンパク質の一種で、生物ではありません。

　なお、麦芽は主に大麦(二条大麦)を使用しますが、小麦やライ麦、燕麦(えんばく)を使うこともあります。

　なお、発芽させた麦はそのままにしておくとどんどん成長し、その成長のために糖を使ってしまうため、発芽したら乾燥させて成長を止めます。この乾燥させる工程を焙燥と言い、その後、根を取り除けばビールに使用する淡色麦芽が完成。そこから焙煎などの工程を加えると、濃色の麦芽ができあがります。麦芽の色はできあがりのビールの色や味わいに直接関わってくるため、どの麦芽をどれくらい使用するかがビールデザインの基本となります。

代表的な麦芽（モルト）の種類

◘ ピルスナーモルト

淡色麦芽の種類のひとつ。ピルスナーモルトよりも少し色が付いたペールモルトとともに、あらゆるビールのベースとなるためベースモルトと総称される。

◘ ウィーンモルト

ペールモルトよりもやや色が濃く、ビールに少し色味を付けたいときに使用する。メルツェンやボックなどのビアスタイルに使用されることが多い。

◘ クリスタルモルト

麦芽に水を含ませてから焙燥させることで、デンプンがカラメル状になったもの。酵母に分解されにくいため、使用するとビールに甘味を付けることができる。

◘ ブラックモルト

ロースターで焦がしたモルト。少量加えるだけでビールの色が真っ黒に。スタウトなどの濃色系ビールに使われる。チョコレートの風味を出すチョコレートモルトなどと合わせてローストモルトと総称される。

◘ ウィートモルト

小麦のモルト。タンパク質が多く含まれているため、白濁し泡が豊かなビールになる。ヴァイツェンやウィートエールに使用される。

第3章 これだけは知っておきたいビールの歴史と造り方

●ホップ

　ホップという名前は聞いたことがあっても、それがどんなものなのか知らない人は多いと思います。ホップはアサ科のつる性多年草植物で、和名はセイヨウカラハナソウ。成長するに従ってつるを巻き付けて上部に伸びていき、8メートルほどの高さにまでなる植物です。

　ホップは雌雄異株で、雌株にできる毬花と呼ばれる部分がビールの原料として使われます。

　その毬花の中には、ルプリンと呼ばれる小さく黄色い粒がたくさん付いています。ルプリンには防腐効果があり、ビールの香りと苦味のもととなるものです。

　栽培には冷涼な気候が適していて、生産している地域は北緯

ホップ畑（岩手県遠野市）

35〜55度、南緯35〜55度の範囲。北半球ではドイツ、チェコ、アメリカが主な産地で、南半球ではオーストラリアやニュージーランドで栽培されています。

　日本でもホップは栽培されており、生産量は岩手県が国内1位。その多くは大手ビール会社との契約栽培ですが、ホップ農家の高齢化や後継者不足などにより生産量は減ってきています。しかし最近では、国産ホップを復活させようという動きもあり、ホップ生産の傾向も変わってくるかもしれません。

　例えば、岩手県遠野市では、ホップ農家と遠野市、キリンビールが手を組み、ホップ栽培とビールでまちづくりに取り組んでいたり、その他の地域でも小規模醸造所が自ら栽培したホップをビールに使用したり、ホップへの注目度は徐々に高まってきてい

毬花の中には、ルプリンと呼ばれる黄色い粒がある

ます。

　このように、現在ではホップはビールに欠かせない原料となっていますが、ホップが使われる以前は、複数種類のハーブを混ぜたグルートと呼ばれるものが使われていました。その後、徐々にホップの効能が知られるようになり、ホップだけが使われるようになっていったのです。その効能とは、「雑菌の繁殖を抑える」「苦味と香りを加える」「泡持ちをよくする」「タンパク質を沈殿させて濁りを抑える」という4点。ホップが使われ始めた頃は、雑菌の繁殖を抑える目的が主だったと思われます。

　しかし、ホップがビールに使われるようになった時期ははっきりしていません。7、8世紀にはホップ栽培の記録があるようですが、醸造に使われたかどうかは不明です。12世紀にはドイツでビール醸造にホップが使用されたという記録が残っており、徐々にグルートからホップに取って代わっていったと思われます。

　現在では、ビールに欠かせない原料として、さまざまな品種が栽培されています。大別すると、主に苦味付けに使われるビターホップと、主に香り付けに使われるアロマホップ（その両方を兼ねたホップもあります）。麦芽の味わいをベースに、ホップをどう組み合わせるかで、ビールの香りや苦味をデザインするのです。

　なお、前述の通り、ビールは一年を通していつでも造ることができるようになったため、ビール醸造の決まった時期はなくなってしまっていますが、もし「ビールの旬」という時期を設定するとするならば、私は9～10月を旬としたいと考えています。

　というのも、ホップの収穫時期が8月前後だからです。8月に収穫したホップをすぐ醸造に使うとすると、9～10月にビールができあがります。ホップも乾燥・圧縮させてペレット状にしておく

ことで長期間の保存ができるようになっているのですが、収穫したばかりのホップ（フレッシュホップ）とペレットホップでは香りのみずみずしさが違います。フレッシュホップはみずみずしく、また青々としたさわやかさもあり、それがそのままビールの香りや味わいにも表れるのです。

このみずみずしさは熱や乾燥、時間の経過とともに失われてしまいますので、フレッシュホップを使用したビールは9〜10月頃にしか味わえません。この時期、フレッシュホップを使ったビールを見つけてぜひ飲んでみてください。

では、代表的なホップの品種をいくつか紹介しておきましょう。

ホップの選別作業の様子。手作業で異物などを取り除いている（岩手県遠野市、2018年8月27日撮影）
写真：時事

代表的なホップの種類

◉ ザーツ

ピルスナーなどのラガー系ビールに使用されるファインアロマホップ。穏やかながら気品のある香りがあり、苦味もクリーン。原産はチェコのザーツで、地名から名付けられている。

◉ カスケード

アメリカンホップの代表的品種。柑橘系のフルーティーな香りが特徴的で、このホップによってアメリカのクラフトビールが発展したと言っても過言ではない。

◉ ケントゴールディング

イギリス産のアロマホップ。アメリカンホップに比べると穏やかな香りをビールにもたらす。イングリッシュスタイルのエールに使用されることが多い。

◉ ソラチエース

サッポロビールが開発し、1984年に品種として登録された。その当初はあまり日本で使用されなかったが、レモングラスを思わせる個性的なフレーバーがアメリカで人気に。

◉ ネルソンソーヴィン

ニュージーランドの代表的品種。ソーヴィニヨン・ブランを思わせるフレーバーがあることから、産地のネルソンとともに名付けられた。穏やかでクリーンな香り。

第3章 これだけは知っておきたいビールの歴史と造り方

フレッシュホップ（生ホップ）。みずみずしい香りのビールができる

ホップのペレット。乾燥・圧縮させてあるので、年中使えて扱いやすい

◉ 水

　ビールの原料の大部分を占めるのが水。ビールが麦芽を主原料とした醸造酒であるといっても、水はその90％以上を占めるので、非常に重要な原料です。

　醸造に使われる水は、きれいであることはもちろんですが、カルシウムやマグネシウムなどの含有量もビールの味わいに影響を与えます。

　カルシウムとマグネシウムの含有量（硬度）が高い水は硬水、低い水は軟水です。どちらの水でもビールは造れるのですが、それぞれ適したスタイルがあります。

　硬水を使うと、ビールの色は濃く、深みのある味わいに。そのため、ペールエールや濃色のビールに適しています。一方、軟水を使うと、ビールの色は薄くシャープな味わい。ピルスナーや淡色のビールに適しています。

　現在、ビールと言われて思い浮かべるのは黄金色の液体に白い泡。スタイルとしてはピルスナーに当たるものですが、その元祖と言われるピルスナー・ウルケルというビールが生まれた1842年まで、ビールと言えば濃色の液体でした。

　ピルスナー・ウルケルが誕生したのはチェコのピルゼンという街。ドイツ人のヨーゼフ・グロルという醸造家がこの街でビールを造ったところ、黄金色のビールができあがりました。これは、ドイツの水は硬水ですが、ピルゼンでは軟水だったからだと言われています。ちなみに、ピルスナー・ウルケルの「ウルケル」とは元祖という意味。今、世界で一番飲まれているビールのスタイルであるピルスナーは、ここから始まったのです。

● 酵母

ビールに限らず、お酒を造るために必要なのが酵母。酵母が糖をアルコールと二酸化炭素に分解し、お酒が造られます。また、その際の副産物として、酵母によってはバナナのような香りであったり、華やかな香りを作り出すこともあります。

第1章で、ビールに使われる主な酵母には、ラガー酵母（下面発酵酵母）、エール酵母（上面発酵酵母）があると書きました。他に野生酵母が使われることもありますが、これらの酵母の大きさは5〜10マイクロメートルほど（1マイクロメートル＝1000分の1ミリメートル）。当然、科学の発達していない頃は、酵母の存在は知られていませんでした。

酵母の存在がわかったのは19世紀。その後、1883年にハンセンによって酵母の純粋培養法が確立されたことで、適切な管理の下、高品質かつ大量にビールを造ることができるようになったのです。

粉状、液状のビール酵母

とはいえ、酵母は生物。酵母の働きをコントロールするのは大変な作業です。どんな酵母を使うのかを考え、その酵母が働きやすい環境を整えるのが醸造家の仕事。酵母自体は数え切れないほどの種類があり、大手ビール会社は独自に酵母を管理している酵母バンクを持っています。

その一方で、実は酵母自体はあらゆるところに存在しています。この本を読んでいる皆さんのまわりにも、目に見えないだけで、たくさんの酵母が生きているのです。それらがすべてビール醸造に適しているわけではありませんが、中にはビール醸造に適した酵母も存在します。いわゆるビール酵母ではない酵母を使ったビールをいくつか紹介しましょう。

ひとつは、いわて蔵ビールの東北復興支援ビール 渚咲〜Nagisa〜。2011年の東日本大震災で津波の被害を受けた釜石市のはまゆりが、その翌年も力強い花を咲かせたということで、その花から酵母を採取して醸造したものです。このビールの売上の一部は、三陸の漁業復興のために使われます。

もうひとつは、アメリカのローグエールズが造るBeard Beer。Beardとはひげのことで、その名の通り、ローグエールズの醸造家ジョン・マイヤーのあごひげから採取され

東北復興支援ビール 渚咲〜 Nagisa 〜
（いわて蔵ビール）

た酵母で造られたビールです。すべての人のひげにビール醸造に適した酵母がいるとは限りませんが、それくらい酵母はあらゆるところに存在しているのです。

ベルギーでも空気中に漂っている野生酵母を使ったランビックというスタイルがありますし、また、松江ビアへるんが毎年年末に限定販売しているおろちのように、日本酒醸造に使われる酵母を使ったビールもあります。ビールは多様性のある自由なお酒だと述べてきましたが、酵母の使い方においてもそういった自由さが表れていると言えるのではないでしょうか。

おろち（松江ビアへるん）
＊写真は2018年のもの

◉ **副原料**

ビールは、麦芽、ホップ、水、酵母があれば造ることができます。なので、それ以外の原料はあくまでも「副」という扱い。米やコーン、スターチ、糖類などがそれに当たり、主原料だけでは造り出せない風味をもたらすことができます。

副原料をまったく使用しないビールが麦芽100％ビールと言われるもの。ドイツのビール純粋令からすれば、副原料を入れること自体が認められないものですが、副原料はビールの多様性をさらに広げるものでもあります。

レッドライスエール(常陸野ネストビール)
写真：齋藤さだむ

神都麥酒(伊勢角屋麦酒)

　日本のビールでよく使われている副原料が米。米はすっきりとした味わいになる特徴があり、大手ビールでは、アサヒビールのアサヒスーパードライ、サッポロビールのサッポロ生ビール黒ラベルに米が使われています。他にも、山田錦のような酒米を使ったビールや、常陸野ネストビールのレッドライスエール、伊勢角屋麦酒の神都麥酒のように古代米を使ったビールもあり、これらは味わいということだけでなく、日本ならではの素材を使っているというオリジナリティにも寄与しているのです。

　また、「副」とは言っても、ビールの味わいを大きく変えるものもあります。例えば、フルーツそのものや果汁を使ったフルーツビール。使う量によっては、フルーツのお酒とも思えるような味わいにもなります。

　他にも、スタウトにコーヒ

一豆を使ったり、ベルジャン・ホワイトエールにオレンジピールやコリアンダーを使ったり。これらも副原料という扱いで、2018（平成30）年4月1日からビールの原料として認められることになりました。ただし、麦芽量の5％以上を使用したり、酒税法で認められていない原料を使うと、日本では発泡酒とされます。

ビールのおもしろいところは、こういった副原料で独自性や地域性を出すことができ、それを地域創生やまちづくりにもつなげられることです。1990年代後半の地ビールブームはクオリティが維持できずに終焉を迎えてしまいましたが、クラフトビールの流れから、また「地」に近づいているとも言えます。

例えば、コエドブルワリーは川越の特産物であるサツマイモ「紅赤」を副原料として使用した、COEDO紅赤-Beniaka-というビールを造っています。これはただ特産品だからというだけで使用しているというわけではありません。収穫したサツマイモの中には形が悪いという理由で廃棄されてしまうものがあり、それを有効活用したもの。

サツマイモは、もちろん売れれば収入になりますが、廃棄されてしまっては1円にもなりません。そんな廃棄されるサツマイモは生産量の約4割にもなっていたそうで、これをビールの副原料としてコエドブルワリーが買い取ることで、サツマイモ

COEDO紅赤-Beniaka-（コエドブルワリー）

農家の収入にもなるのです。

　他にも、地域の特産物を使ったビールはいくつもあります。地方の醸造所がその地方の特産物を使って造ったビールが首都圏や海外で売られることで、その地方にお金が回るようになり、地域経済にも貢献できるようになります。

　こういった副原料が秘めている可能性を取り入れることができるのは、お酒の中でもビールだけではないでしょうか。

ビールの造り方

　ここからはビールがどうやって造られているかを簡単に紹介しておきましょう。醸造工程を細かいところまで覚える必要はありませんが、流れだけでも知っておくことで、スタイルの理解にもつながります。

　まず麦芽を造る工程、製麦から説明していきます。

● 製麦

　ビールを造るにはまず製麦から。発芽させることで、麦はデンプンを糖に変える酵素を活性化させると書きましたが、その過程を詳しく見ていきましょう。

　まずは浸麦という工程です。麦を15度前後の水に2日ほど浸すことで、麦は必要な水分を吸収し発芽の準備をします。

　次は発芽です。十分に水を吸収した麦を温度管理された発芽室へ。麦は発芽を始めると熱を持つようになるので、風を送ったりかき混ぜたりすることで、15度前後の気温が保たれるようにし

ます。この工程で4日から7日くらいかかります。

　発芽したら焙燥工程へ。麦をそのままにしておくとどんどん成長してしまうため、熱風で乾燥させて成長を止めます。ただし、このときの温度が高すぎると酵素が失活してしまうので、熱風の温度は90度以下に留めます。

　焙燥が終われば除根へ。麦芽から出た根は嫌な苦味のもととなるため、これを取り除きます。

焙燥後、除根した麦芽

淡色麦芽を作る場合はここまでですが、濃色麦芽を作るには、ここから焙焦という工程に進みます。120〜230度ほどの高温でロースト。ブラックモルトやチョコレートモルトのような濃色麦芽が作られます。

　ビール造りの最初の工程として製麦を紹介しましたが、実際に醸造所で製麦を行っているところはあまりありません。多くの醸造所が、製麦業者による麦芽を使用しています。

● 糖化

　麦芽ができたら次は仕込みです。仕込みとは麦汁を作る工程で、麦芽のデンプンを糖に変える、糖化（マッシング）と呼ばれる作業から。

　まず、麦芽を粗く粉砕してお湯を加え、糊状のドロドロしたもろみを作ります。ここから段階的に温度を上げていきます。段階的にというのは、酵素の種類によって異なる、働きやすい温度を保つため。最初は50度を保ち、タンパク質を分解する酵素を働かせます。

　次に、65度前後に温度を上げます。デンプンを分解する酵素が働くのはこの温度。デンプンを糖に変えます。

　そして十分に糖化したら、70度以上に温度を上げます。この温度になると酵素の働きが止まり、糖化は終了です。

　なお、この糖化法は大きく2つの方法に分けられます。インフュージョン法とデコクション法です。インフュージョン法は、ひとつの糖化槽で段階的に温度を上げていく方法。デコクション法は、もろみの一部を別の槽で加熱し、それを元の糖化槽に戻すことで、全体の温度を上げていく方法です。

● 濾過・スパージング

　糖化が終了したもろみは、デンプンが糖に変わって甘くなっています。このもろみを濾過して澄み切った麦汁を取り出すのが濾過工程です。

　糖化の前に麦芽を粗く粉砕しましたが、このとき同時に粗く粉砕された麦芽の穀皮がフィルター代わりに。底がメッシュ状の濾過槽にもろみを移すと、穀皮のフィルターを通って麦汁が濾過されます。この麦汁を再度濾過槽に戻して濾過を繰り返すことで、澄んだ麦汁が取り出せるのです。ここで取り出した麦汁が「一番麦汁」と呼ばれるもの。

　この濾過の後半には、シャワーでお湯をもろみにかけます。これをスパージングと言い、残った麦汁のエキスまで取り出せるようになります。スパージングして取り出した麦汁を「二番麦汁」と呼ばれるものです。

● 煮沸

　仕込みの最後の工程が煮沸。麦汁を煮沸釜に入れて煮込みます。
　煮沸の目的はいくつかありますが、主に殺菌、麦汁の濃度調整、そしてホップの成分を麦汁に加えることです。
　麦汁を煮込むことで殺菌し、わずかに残っている酵素の働きも止めます。スパージングで薄くなった麦汁を煮込むことで、濃度を適切なレベルに整えます。
　そしてホップの投入。煮沸中の麦汁に2、3回に分けて投入されることが多く、投入のタイミングにより目的が異なります。

煮沸の序盤にホップを投入すると、長い時間煮込むことで苦味が出ます。ホップの香りは熱に弱く飛んでしまうため、序盤に入れたホップの香りは付きません。逆に、煮沸終了間際にホップを投入すると、苦味はあまり出ず、主に香りが残るようになります。

　このホップ投入のタイミングと量をどうデザインするか。それがビールの風味に大きく関わってくるのです。

● 冷却・発酵

　仕込みが終わったら、いよいよ酵母の登場。ただ、煮沸したままの麦汁では温度が高すぎて酵母が活動できないため、適切な温度まで冷却する必要があります。

　煮沸釜から発酵槽へ移す際に、ワールプールと呼ばれるところでホップの粕（かす）などを除去。そして、冷却器で酵母が活動できる温度まで冷却します。ラガー（下面発酵）であれば4〜10度、エール（上面発酵）であれば16〜24度。この温度は、造るビールのスタイルや酵母の種類によって変わります。

　冷却した麦汁に酵母を加えると、発酵が始まります。発酵とは、麦汁に含まれる糖から、酵母が二酸化炭素とアルコールを作り出すこと。ラガー（下面発酵）では10日程度、エール（上面発酵）では5日程度が発酵期間です。この期間が主発酵で、主発酵が終了してできたものを若ビールと呼びます。

● 熟成

　若ビールはアルコールが含まれていて、すでにお酒と言えばお酒。しかし、まだこの段階では味も粗く、好ましくない香りも含まれています。そのため、若ビールを冷却して熟成させることで、ビールとしての味を調えるのです。

この熟成中には、発酵も緩やかに進みます。若ビールは濾過されているものの、わずかに酵母が残っていて、そのときにできた二酸化炭素は液体に溶け込んでいきます。この二酸化炭素がビールの味わいに作用しているのはもちろんですが、溶け込まなかった二酸化炭素が放出される際には、好ましくない香りも一緒に放出され、ビールの香りも整っていくのです。

また、冷却されるとタンパク質などが凝固して、液体の下部に沈殿。徐々にビールが澄んでいきます。

熟成期間はスタイルによっても異なりますが、エール（上面発酵）では2〜3週間、ラガー（下面発酵）ではもっと長く、1か月以上になります。

● 容器詰め

熟成が終わればビール自体は完成ですが、出荷するためには、ビールを瓶や缶、樽などの容器に詰めないといけません。このときに、品質を維持するため、ビールを濾過します。

濾過することで酵母やタンパク質などを取り除き、澄み切ったビールになります。酵母が残ったままだと、容器の中でも発酵が進むなど、品質を維持できません。また、酵母を死滅させるために熱処理する方法（パストリゼーション）もあり、濾過技術が発達していない時代にはよく使われていました。とはいえ、数少なくなりましたが、現在でも熱処理したビールは造られています。

なお、生ビールとは熱処理せずに濾過したビールのこと。樽だけでなく瓶や缶に入っていても、熱処理をしていなければ生ビールと呼ばれます。

熱処理ビールの代表的銘柄と言えば、キリンビールの**キリン クラシックラガー**とサッポロビールの**サッポロラガービール**。この2

つの銘柄は、缶やボトルのラベルに「生」と表記されていません。

　一方、あえて濾過も熱処理もしないビールもあります。さらには、瓶や樽にビールを詰める際、あえて酵母や砂糖を加えて容器の中で二次発酵をさせるビールもあります。容器の中で発酵が進むことでビールの味わいが徐々に変わっていくのですが、これもビールの楽しみのひとつ。できたてがおいしいビールもあれば、味わいの変化が楽しいビールもあるのです。

キリン クラシックラガー（キリンビール）　　サッポロラガービール（サッポロビール）
　　　　　　　　　　　　　　　　　　　　　　＊写真は2018年のもの

― 第 **4** 章 ―

これだけは覚えておきたい
ビアスタイル

ビアスタイルを覚える必要性

　第1章からここまで、ビアスタイルを覚えることでビールの世界が広がるということを書いてきました。そして、分類の仕方によっては150種類以上にも分けることができ、その味わいも多様だということもなんとなくご理解いただけてきているのではないかと思います。

　ビアスタイルを覚えておくことで、ビールを購入するときやお店でビールを注文するときに、そのビールがどんな味わいなのかを想像することができます。

　例えば、お店のメニューに3種類のビールがあったとします。ビアスタイルとしては、ピルスナー、IPA、スタウトの3種類ですが、1杯目はすっきりした味わいのビールを飲みたいと思った場合、どのビアスタイルを選ぶのがよいでしょうか。

　正解はピルスナーです。

　ピルスナーは、大雑把に言えば、大手ビール会社が造る**アサヒスーパードライ、キリン一番搾り生ビール、サッポロ生ビール黒ラベル、ザ・プレミアム・モルツ**のような味わいだと思っていただければいいでしょう。

　IPAはアルコール度数がやや高めで、強い苦味が特徴のビアスタイルです。また、スタウトは黒い色のビールで、ローストのフレーバーが特徴。ともに、すっきりした味わいというビアスタイルではありません。

　すっきりしたビールを飲みたいときに、IPAやスタウトを選んでしまった場合、それがクオリティの高い非常においしいビールだったとしても、実際に飲んだ感覚として「おいしい」と思えるかど

第4章 これだけは覚えておきたいビアスタイル

うかはわかりません。そういった気持ちとビールのミスマッチを防ぐためにビアスタイルを覚えておくと便利なのです。

ラーメンで言えば、さっぱりとした味わいのラーメンを食べたいのに、ラーメンの種類を知らないばかりに、塩ラーメンではなく背脂こってりの醤油豚骨ラーメンを注文してしまうような状態です。背脂こってりの醤油豚骨ラーメンもおいしいのですが、さっぱりとした味わいのラーメンを食べたいときに適したラーメンではありません。

また、もうひとつ覚えておいていただきたいのは、あるビアスタイルがドイツ発祥だったとしても、ドイツでしか造られていないというわけではありません。単に発祥というだけで、多くのビアスタイルは発祥国以外でも造られています。例えば、ベルギー発祥のビアスタイルを踏襲したビールがアメリカで造られ、それが日本に輸入されて飲まれている、といったこともあります。

　さらに、一般的にドイツビール、ベルギービールといった表現をした場合は、それぞれドイツで造られたビール、ベルギーで造られたビールを指しますが、そこにビアスタイルという概念は入っていません。例えば、ピルスナーはチェコやドイツが発祥ですが、ベルギービールという範疇には、ベルギーで造られたピルスナーも含まれます。

　しかし、ベルギースタイルのビールという表現をした場合は、ベルギー発祥のスタイルという意味合いです。ベルジャン・ホワイトエールというベルギー発祥のビールであっても、日本で造られているものもあります。

　少々わかりにくいかもしれませんが、ほとんどのビアスタイルは発祥国以外でも造られているということだけ覚えておいてください。

　これで、ビアスタイルの必要性はわかっていただけたと思いますが、さすがに150種類も覚えるのは現実的に難しいでしょう。逆に言ってしまえば、150種類も覚える必要はありません。ビアスタイルの大分類としては3種類。ラガー酵母（下面発酵酵母）を使用しているラガー系、エール酵母（上面発酵酵母）を使用しているエール系、そしてその2つに当てはまらない野生酵母を使ったビールやどちらにも分類できないその他のビアスタイルです。

　その大分類からさらにいくつかに分類されるのですが、まずは

数種類のビアスタイルを覚えておくだけで十分です。ここではまず覚えておきたいビアスタイルだけを取り上げ、紹介します。

また、各ビアスタイルにおいて、そのビアスタイル名を見たらどんな味わいを想像するのかについても記載しておきたいと思います。

ラガー系ビアスタイル

● ピルスナー

まずは最も馴染みのあるビアスタイルとも言える、ピルスナーを紹介しましょう。

ラガー系の代表的なビアスタイルで、すっきりとしたシャープな味わい、ホップの爽快な香りと苦味が特徴。ビールと言えば、黄金の液体に白い泡が乗ったこのピルスナーを連想する人も多いでしょう。

前述したように(p.80)、ピルスナーは1842年にドイツからチェコのピルゼンに招かれた、ヨーゼフ・グロルによって初めて造られました。ピルゼンの軟水が黄金色のビールを造るのに適しており、この街の名前からピルスナーと名付けられたものです。ピルスナー・ウルケルがその元祖で、日本にも輸入されています。

もう少し細かい分類をすると、そのチェコで造られたピルスナーは、ボヘミアンピルスナーというスタイルとされます。ボヘミアンとは、チェコ西部のボヘミア地方やそこに住む人を指す言葉で、ピルスナーが生まれたピルゼンはまさにボヘミア地方の都市なのです。

そして、そのピルスナーがドイツに渡って造られたのがジャーマンピルスナー。ボヘミアンピルスナーよりもややすっきりとしていて、色もやや明るいといった特徴があります。また、ドイツでも各地でピルスナーが造られていますが、北に行けば行くほど苦味が強くなる傾向も。

　また、ピルスナーに似たような味わいのスタイルとして、ドイツではドルトムンダーやヘレスといったものもあります。ドルトムンダーはドルトムント発祥のビールで、ホップの特徴である苦味や香りを抑えてバランスのよい味わいを造り出しています。ヘレスは南ドイツのミュンヘン発祥で、よりホップのキャラクターを抑え、すっきりとした味わい。軽快で心地よい麦のフレーバーを楽しめるビアスタイルです。

　とはいえ、飲み比べない限りはなかなか違いがわかりにくいかもしれません。普段飲んでいる大手ビール会社のものと比べて、香りはどう違うのか、苦味は強いのか、酸味や甘味はどうなのかを味わってみるとよいと思います。中には柑橘系の香りがするピルスナーもありますし、強い苦味のピルスナーもあります。普段飲んでいるビールを基準としてどう違いがあるのかを意識しながら飲んでみると、逆に共通項があぶり出され、ピルスナーがどういったスタイルなのかがわかるようになるでしょう。

ピルスナーという言葉から想像できる味わい
すっきりとしたシャープな味わいで、
ホップの爽快な香りと苦味が特徴的。

ボヘミアンピルスナー

ピルスナー・ウルケル（ピルスナー・ウルケル）

ウルケルとは元祖という意味。デコクションを3回繰り返すことで麦芽の旨味を引き出している。ザーツ産ホップのクリーンな苦味とのバランスが抜群。

ジャーマンピルスナー

フレンスブルガー ピルスナー（フレンスブルガー）

ドイツ北部、デンマークとの国境近くにあるフレンスブルクで造られているピルスナー。北のピルスナーらしく、ホップの苦味が強く表れている。

◉ オクトーバーフェストビール（メルツェン）

　いまや日本でもよく知られるようになったオクトーバーフェスト。しかし、その由来を知っている人はあまり多くないのではと思います。オクトーバー（Oktober）とは10月のことで、本場ミュンヘンのオクトーバーフェストは10月の第1日曜日を最終日として16日間開催されるビールのお祭り。ミュンヘンにある6つの醸造所（シュパーテン、パウラナー、アウグスティナー、ハッカープショール、レーベンブロイ、ホフブロイ）だけが出店を許されています。毎年600万人以上が訪れる世界最大規模のイベントです。

ミュンヘンのオクトーバーフェスト

第4章 これだけは覚えておきたいビアスタイル

　日本で「オクトーバーフェスト」を名乗って開催されているイベントは、本場ドイツ・ミュンヘンのオクトーバーフェストとは別のもの。春や夏にも開催されており、本来のオクトーバーフェストの意味合いはあまり踏襲されていません。

　ミュンヘンのオクトーバーフェストは、1810年に行われたバイエルン王国のルートヴィヒ皇太子の結婚式に由来するもので、やがてビールが販売されるようになるのですが、そこで提供されるのがオクトーバーフェストビール。ビアスタイルとしてはメルツェンとも呼ばれるものです。

　メルツェン（Märzen）とはドイツ語で3月のこと。3月にビールを仕込み、この時期まで長期熟成させます。気温の高い夏でも熟成できるようにアルコール度数は5〜6％とやや高め。色は明るいブラウンで、ホップの香りはあまり強くはなく苦味は適度。焼き立てのパンを思わせるフレーバーもあります。

　なお、多くのオクトーバーフェストビールは秋限定。秋には色や味わいの濃い食べ物が増えてきますが、そんな料理にも合わせやすいビールです。

オクトーバーフェストビール（メルツェン）という言葉から想像できる味わい

ピルスナーよりも軽いトースト香があり、やや高めのアルコール度数。

焼き立てのパンを思わせる風味がある

オクトーバーフェストビール（メルツェン）

シュパーテン オクトーバーフェスト
（シュパーテン）

　モルトフレーバーが豊かで、カラメルやナッツを思わせるフレーバーも。オクトーバーフェストでは、ミュンヘン市長がシュパーテンの樽を開けることで開会を宣言する。

● ボック

　ドイツのアインベックが発祥のビアスタイルです。アインベックの「ベック」が訛ってボックになったという説がありますが、飲んだ人が雄ヤギ（bock）のように元気になるということから名付けられたという説もあります。ヤギの由来から、ドイツではボックのラベルにヤギの絵が描かれていることもしばしば。

　ボックの特徴としては、アルコール度数が6～7％と高めのビールであること。基本的にはブラウンに近い色合いのものが多く、ホップよりもモルトの風味が強めに出ています。

　また、ボックにはそこから派生した細かいビアスタイルがありま

す。例えば、アルコール度数がより高くなったドッペル（ダブル）ボック、淡色の色合いのヘラーボック、ボックを凍らせて水分を取り除くことでアルコール度数を10％以上にも高めたアイスボックなど。また、ヴァイツェンボックというビアスタイルもありますが、これはアルコール度数を高めたヴァイツェンという意味合いです。

ボックという言葉から想像できる味わい
**モルトの風味が強く出ていて、
アルコール度数が高めのラガー系ビール。**

ボック

マイウアボック（アインベッカー）

モルトのしっかりした味わいがありつつも、ホップのさわやかな香りによるフレッシュな印象も。「マイ」とは5月のことで、毎年3月から5月に限定発売される。

ドイツ

● デュンケル

　デュンケル(ドゥンケルと表記されることもあります)もドイツ発祥のビアスタイルです。デュンケル(Dunkel)とはドイツ語で「暗い」という意味。ビールの色もブラウンからダークブラウンといったものが多く、ホップよりもモルトのキャラクターが強く出ています。モルト由来のカラメルっぽさ、チョコレートのようなフレーバーも軽く出ていて、そうでありながらも比較的スムーズに飲めるのが特徴。

デュンケル(ドゥンケル)という言葉から想像できる味わい
**ピルスナーよりもモルトの味わいが強く、
カラメル感のあるフレーバーが特徴。**

デュンケル

ホフブロイ ドゥンケル (ホフブロイ)

　カラメルのようなモルト感が特徴。ダークな色合いで、チョコレートのような風味も軽く感じられる。やわらかい口当たりで、色が与える印象よりも重くない。

ドイツ

● シュヴァルツ

　シュヴァルツはドイツ語で黒。まさに見た目が黒いビールです。かなり濃いこげ茶色のものもあります。ローストモルトを使うことで黒い色合いを出しているのですが、飲んでみると見た目ほどの重さは感じられません。むしろすっきりと飲めるビールです。

　ラガー系の特徴のひとつがすっきりとした味わいで、色の濃いシュヴァルツであってもそれに当てはまります。エール系の黒いビールとしては、ポーター、スタウトがありますが、それらに比べるとシュヴァルツはすっきりとしていて、焦げたフレーバーは弱め。黒ビールでもビアスタイルによって、味わいは変わってくるのです。

シュヴァルツの代表的なメーカーであるケストリッツァーの醸造所。ドイツの東部、バート・ケストリッツにある
写真：Radler59

シュヴァルツという言葉から想像できる味わい
**色が黒く、ローストの香ばしさが感じられるものの、
すっきりとした味わい。**

シュヴァルツ

ケストリッツァー シュヴァルツビア
（ケストリッツァー）

　かつてゲーテも愛したと言われる黒ビール。漆黒の色合いで、ローストされたモルト由来のビターな味わいが特徴。シャープな飲み心地。

ドイツ

◉ カリフォルニア・コモンビール

　カリフォルニア州サンフランシスコが発祥のビアスタイルです。ラガー酵母を使用していますが、低温で発酵させるべき酵母をカリフォルニアの温かい温度帯で発酵させたことによって造られました。すると、ラガーのすっきりとした味わいを保ちつつ、エールの特徴であるフルーティーさもほのかに併せ持った仕上がりに。

　このビアスタイルの特徴として、蒸気のように泡が吹き出した

ため、当時はスチームビールと呼ばれていました。ただ、「スチームビール」はアンカー・ブリューイングが商標登録をしているため、一般的にはカリフォルニア・コモンビールというビアスタイルで呼ばれています。

カリフォルニア・コモンビールという言葉から想像できる味わい
すっきりした味わいながら、パンのような風味もあり、軽くフルーティーな香りも感じられる。

カリフォルニア・コモンビール

アンカースチームビール（アンカー・ブリューイング）

　明るい銅色で豊かな泡。フルーティーでハチミツも思わせる香りがあるが、シャープですっきりしている。後味に軽くホップの苦味が余韻として残る。

カリフォルニア州

エール系ビアスタイル

● **ヴァイツェン**

　ドイツ南部が発祥の小麦麦芽を使用したビール。多くのビールは大麦麦芽を使用して造りますが、ヴァイツェンは小麦麦芽を50％以上使用しています。ヴァイツェンとはドイツ語で「小麦」を意味し、小麦のタンパク質により白濁するため、ヴァイス（ドイツ語で「白」）と呼ばれることもあります。

　特徴的なのはその香り。エール酵母（上面発酵酵母）の一種であるヴァイツェン酵母によるバナナのような香りや、クローブ、ナツメグを連想させる香りがあります。小麦由来の軽い酸味があり、ホップの苦味は弱め。豊かな泡も特徴のひとつです。

　ヴァイツェンはさらに細分化することができ、酵母を濾過せず白濁したヘーフェ・ヴァイツェン、酵母を濾過して透き通った色合いのクリスタル・ヴァイツェン、濃色のドゥンケル・ヴァイツェン、ハイアルコールのヴァイツェン・ボックなどのスタイルがあります。

ヴァイツェンという言葉から想像できる味わい

白濁した色合いで、バナナやリンゴを思わせる香り。
やや酸味があり、苦味はあまり感じられない。

バナナなどを思わせる風味がある

ヴァイツェン

プランク ヘフェヴァイツェン（プランク醸造所）

バナナのような香りと、クローブを思わせるフレーバーが絶妙。一般的なヘーフェ・ヴァイツェンよりも濃い色合いで、まろやかな口当たり。

ドイツ

● ケルシュ

ドイツのケルンが発祥のビアスタイル。透き通ったゴールドの色合いで、やわらかい口当たりが特徴です。ほのかにリンゴを思わせるようなフルーティーな香りもあり、低温熟成させることで、すっきりとした味わいを造り出しています。

なお、ケルシュという名前は原産地呼称で、ケルシュ協約に調印したケルン市内の醸造所だけが使うことができるもの。それ以外の醸造所はケルシュと名乗れないため、「ケルシュ風」「ケルシュスタイル」などといった表記にする必要があります（それでもケルシュと名乗っているビールはいくつか見られますが……）。

ケルシュという言葉から想像できる味わい

**やわらかい口当たりで、かすかなフルーティーさも感じられる。
すっきりとした味わい。**

ケルシュ

フリュー・ケルシュ（フリュー）

　ケルシュの代表的銘柄のひとつ。ほのかにリンゴや洋ナシを思わせるフルーティーな香り。ホップの苦味は少ないものの、さわやかな飲み心地が特徴。

● **アルト**

　ドイツのデュッセルドルフ発祥。アルトとは「古い」を意味するドイツ語で、ドイツではラガー系ビールが生まれる前の古いスタイルのビールをアルトビールと言いますが、一般的にアルトと言った場合には、デュッセルドルフ発祥の濃色上面発酵ビールのことを指します。

色合いはブラウンが多く、モルトの風味もある程度感じられるレベル。ホップの苦味は銘柄によって強弱がありますが、香りの面ではあまりホップが感じられません。色から受けるイメージよりもクリアな飲み口で、後味もしつこくはないビアスタイルです。

アルトという言葉から想像できる味わい
**ブラウンの色合いで、モルト感があるものの
エールにしてはクリアな味わい。**

アルト

ベアレン・アルト（ベアレン醸造所）

　岩手県盛岡市で造られているアルト。ローストされた香ばしさがあり、まろやかで厚みのある味わい。モルト由来の甘味とホップの軽い苦味
の組み合わせが絶妙。

● セゾン

　ベルギーやフランスの一部で、夏の農作業での水分補給のために造られていた上面発酵のビールがセゾンというビアスタイルです。まだ冷蔵設備のない時代、春先の農閑期にビールを仕込んでいました。

　セゾンは、防腐効果を高めるためにホップを多く使用していて、フルーティーなフレーバーがあるビールも多いのですが、そのレシピは農家によって違い、味わいもさまざまです。当時は5％程度のアルコール度数だったと考えられていますが、現在世界中で造られているセゾンは4.5〜8.5％程度と幅があります。また、小麦やスパイスを使ったセゾンもあり、一概に味わいを定義できないところが興味深い点です。

　フランスでは同様のスタイルをビエール・ド・ギャルドと言い、総称してファームハウスエールと呼ぶこともあります。

セゾンは、ベルギーのワロン地方などが発祥の地とされる。夏の農作業中に飲むために造られた。写真は現代の同地方にある農地
写真：tacna/stock.adobe.com

セゾンという言葉から想像できる味わい

**これという味わいを想像できないものの、
モルト感はさほど高くなく、
フルーティーさやスパイシーさがあるものが多い。**

柑橘類やスパイスなどを思わせるフレーバー

セゾン

セゾンデュポン（デュポン醸造所）

　セゾンの代表的銘柄。ホップ由来のレモンやオレンジ、リンゴなどを思わせる香りとスパイシーさが特徴。モルトの旨味とホップの苦味とのバランスがよい。

● ベルジャン・ホワイトエール

　ベルギー発祥の小麦を使ったビールがベルジャン・ホワイトエールです。

　小麦のタンパク質による白濁した色合いと純白の泡が特徴。ドイツのヴァイツェンも小麦を使っていますが、ヴァイツェンは小麦麦芽を使用、ベルジャン・ホワイトエールは麦芽化していない小麦を使用しています。

　また、オレンジピールとコリアンダーシードを副原料として使用することが多く、フルーティーかつスパイシーなフレーバーも魅力のひとつです。

　その起源は、ベルギーのヒューガルデン村で造られていたホワイトエール。小さな村で35ものブルワリーがホワイトエールを造っていましたが、徐々に衰退していきます。それを復活させたのがピエール・セリスという人物。彼が復活させたビールは、ヒューガルデン ホワイトとして世界中で人気になっていったのです。

　なお、ベルジャン・ホワイトエールの表記としては、他にベルジャンホワイト、ウィット、ヴィットなどが見られますが、すべて同じビアスタイルと考えて結構です。

ベルジャン・ホワイトエールという言葉から想像できる味わい

苦味はあまり感じられず、さわやかなオレンジフレーバーと軽いスパイシーさが特徴。

オレンジピールやコリアンダーシードが使われることが多い

ベルジャン・ホワイトエール

ヒューガルデン ホワイト

　香りはオレンジピールとコリアンダーシードのコンビネーション。酸味とともにフルーティーな味わいを作り出し、飲み心地はさわやか。

● **ベルジャン・ストロングエール**

　ベルギーのアルコール度数が高いエールの総称で、淡色系と濃色系、その他のストロングエールに分けられます。

　といっても、ベルギーのエールは特定のビアスタイルにきっちりと分けられるものばかりではなく、どのビアスタイルにも当てはまったり当てはまらなかったりというビールがいくつもあります。その中でも、あえて分類して特徴を挙げるとすると、淡色系のベルジャン・ストロングエールはモルトやホップの風味がさほど強くはなく、口当たりも軽め。アルコール度数は7%以上になりますが、思ったよりも強さを感じないため、飲み方には注意したいところです。

ベルギー発祥のビアスタイルの一例

濃色系のベルジャン・ストロングエールも似たような特徴がありますが、違いとしては色が濃く、モルトの風味が強めに出ているというところです。

また、判別が難しいビアスタイルとして、ベルジャン・ブロンドエール、ベルジャン・ペールエールといったものがありますが、こちらはアルコール度数が低めで、よりホップの特徴を生かしています。ビアスタイルのガイドラインとしては明確に設定されているものの、実際には判別が難しいのが現状です。ベルジャンスタイルのビールには、特定のビアスタイルに当てはまらないものが多く、味わいを簡単に想像しにくいのですが、それが魅力のひとつとも言えるでしょう。

ベルジャン・ストロングエールという言葉から想像できる味わい

**さほどアルコールの強さを感じない口当たり。
甘味を感じるもののモルトやホップのフレーバーは低め。
濃色系の場合はモルトフレーバーがより出ている。**

ベルジャン・ストロングエール（淡色系）

デュベル（デュベル・モルトガット）

　見た目はライトな黄金色で、アルコール度数は8.5%。レモンやクローブなどが複雑に混じり合ったようなアロマだが、まろやかな甘味も感じられて口当たりはよい。

ベルジャン・ストロングエール（濃色系）

デリリュウム ノクトルム（ヒューグ醸造所）

　ダークブラウンの色合い。レーズン、バニラ、シナモンのようなフレーバー。ローストしたモルトの苦味と旨味が9%のアルコール度数を支えている。

● ベルジャン・ダブル

　主にベルギーの修道院で造られているビールのうち、茶色からこげ茶色の色合いで、アルコール度数は6、7%程度のものを指します。甘味も感じられ、カラメルやチョコレートの風味が特徴的。デュッベルと表記されることもあります。

　ダブルと言うからにはシングルやトリプルもあるのですが、シングルで使われる麦汁の初期比重を基準に、2倍になればダブル、3倍であればトリプルということになります。麦汁の初期比重はアルコール度数に関係し、シングルであれば約3%、ダブルは約6%、トリプルは約9%です。なお、シングルは修道院内で消費されるもので、一般的には流通しません。

ベルジャン・ダブルという言葉から想像できる味わい
**ローストされたモルトによるカラメルのような風味。
やや高めのアルコール度数。**

ベルジャン・ダブル

ブルッグス ゾット・ダブル（ドゥ・ハルヴ・マーン醸造所）

　レーズン、プラムのような熟したフレーバー。ローストの苦味も組み合わさって複雑な味わいに。アルコール度数は7.5%だが、数値ほどの強さは感じない。

● ベルジャン・トリプル

　主にベルギーの修道院で造られているビールのうち、ゴールドの色合いで9%前後のアルコール度数のものを指します。ベルジャン・ダブルで説明した通り、麦汁の初期比重がシングルの3倍となっており、アルコール度数も9%前後と高め。トリペルと表記されることもあります。

　また、トリプルよりもアルコール度数の高いクアドルプル（クアドルペル）もありますが、こちらは濃色系のビールであることが多くなっています。アルコール度数は11%前後。どっしりとした味わいのビールです。

ベルジャン・トリプルという言葉から想像できる味わい
ゴールドの色合いで甘味と酸味のバランスがとれている。
アルコール度数は高め。酵母のスパイシーさを感じることも。

ベルジャン・トリプル

ウェストマール・トリプル（聖心ノートルダム修道院）

　黄金色でアルコール度数の高いトリプルの元祖的存在。柑橘系のフルーティーな香りと酵母由来のスパイシーさが同居している。甘味、苦味、酸味の全体的なバランスが抜群。

● フランダースエール

フランダースとはベルギー西部を中心とした地方のことで、フランダースエールはこの地域で伝統的に造られてきたビールの総称です。大きくフランダースレッドエールとフランダースブラウンエールに分けることができます。

フランダースレッドエールは、オーク樽で2年近く熟成させることにより、樽に付いている乳酸菌などの作用で強い酸味が出るようになります。風味としてはチェリーを思わせ、モルトやホップの風味はさほど強くはありません。フランダースブラウンエールもフランダースレッドエールと同様に酸味が特徴ですが、濃色のモルトを使っているため、モルトの風味が強く出ています。

フランダースエールという言葉から想像できる味わい

**軽い甘味と、チェリーを思わせる強い酸味が特徴。
ブラウンエールはモルト感も。**

フランダースレッドエール

ドゥシャス・デ・ブルゴーニュ（ヴェルハーゲ醸造所）

フランダースレッドエールの代表的銘柄。オーク樽熟成による酸味とチェリーのような甘味が組み合わさってバランスを保ち、独特な味わいを作り出している。

● ペールエール

　ペールエールは、イギリスのバートン・オン・トレントという小さな街で生まれた明るい銅色のエールです。アルコール度数は5％前後。
「ペール」とは「(色合いが) 薄い・淡い」という意味ですが、黄金色のピルスナーに比べると濃い色合い。実はイングリッシュスタイル・ペールエールが生まれた17世紀頃は濃色のビールが人気で、明るい銅色であっても、比較的薄い色合いのビールだとされていました。

　現在のペールエールは、イングリッシュスタイルとアメリカンスタイルに大別されます。その違いは使用するホップ。

　イングリッシュスタイル・ペールエールは、イギリス産ホップによるダージリンや若草を思わせる香り、酵母によるフルーティーなフレーバーが魅力のスタイルです。

　後にペールエールがアメリカに渡ると、アメリカでは柑橘系の華やかな香りが特徴のアメリカンホップを使うようになりました。これがアメリカンスタイル・ペールエールです。ホップの苦味もよりしっかりしています。

　なお、イングリッシュスタイル、アメリカンスタイル以外にも、国名を付けられているペールエールがありますが、基本的にはその国・地域の特徴的なホップを使っています。ただ、ベルジャンスタイルについては、ホップというよりもベルギーの酵母によるスパイシーさが特徴のペールエールであることが多くなっています。

ペールエールという言葉から想像できる味わい
**明るい銅色に近い色合い。軽いモルト感と
ホップの特徴を生かしたフルーティーな味わい。**

イングリッシュスタイル・ペールエール

ロンドンプライド（フラーズ）

　イングリッシュスタイルの代表的銘柄。イギリス産ホップによる紅茶を思わせるアロマ、モルトの甘いフレーバーの組み合わせ。スムーズな口当たりが心地よい。

イギリス

アメリカンスタイル・ペールエール

シエラネバダ・ペールエール（シエラネバダ・ブリューイング）

　グレープフルーツやオレンジのような香りをもたらすアメリカンホップである、カスケードという品種を使った先駆者的存在のペールエール。モルトの甘味とホップの苦味がバランスよく味わえる、アメリカンスタイルの教科書的なビール。

カリフォルニア州

● インディア・ペールエール（IPA）

インディア・ペールエールは、現在のクラフトビール人気を牽引してきたと言ってもいいビアスタイルです。India Pale Aleを略してIPAと呼ばれることが多いのですが、まずインディアという言葉の由来について、説明したいと思います。

ペールエールにインディアという言葉が付くことから想像できると思いますが、IPAはペールエールから派生したビアスタイルです。

18世紀の終わり頃、イギリスはインドを植民地化しており、インドには多くのイギリス人が住んでいました。そのインドにいるイギリス人のために、イギリスからインドまでビールを運ぶ必要があり、そのために造られたビールがIPAなのです。

そこで、地図を見ていただきたいのですが、当時イギリスからインドへ向かうには、ルートはひとつしかありませんでした。

イギリス―インド間の航路

イギリスからアフリカ大陸西側を南下し、喜望峰を回ってアフリカ大陸東側を北上、アラビア海を横断してインドへ到達します。そうすると、赤道を2回通過することになるのです。

　容易に想像はできると思いますが、赤道に限らず非常に暑い地域を通ることになります。この頃のイギリスからインドへの航海は5～6か月かかったそうで、やっとのことでインドに到着しても、インドも暑い。そんな状況でビールはどうなるかというと、確実に劣化してしまうのです。

　そこで、ビールの劣化を防ぐために、防腐効果のあるホップを大量に加えました。ホップはビールの苦味のもととなる成分を持っているので、ホップを大量に加えると苦味も強くなります。さらに、より雑菌の繁殖を抑えるために、アルコール度数も高めにしたのです。

　一方で、IPAの由来については違った説もあります。もともとロンドン周辺で、ホップの苦味が強くアルコール度数の高いビールが造られており、それがインドへ運ばれるビールとして選ばれた、というもの。どちらにしても、インドへと運ばれたことは間違いないようです。

　また、ペールエールと同様、IPAも使用するホップによってイングリッシュスタイルとアメリカンスタイルなどに分けられます。さらに、ここから派生したスタイルがいくつもあります。

　アルコール度数をより高くしたダブルIPA（インペリアルIPA）、2016年末頃から流行し始めた濁りがありジューシーな飲み口のニューイングランドIPA（ヘイジーIPA、ジューシーIPAとも）、2018年から話題になっている糖度を低めたドライな味わいのブリュットIPAなど、さまざまな進化を続けているのもIPAの特徴と言えるかもしれません。

第4章 これだけは覚えておきたいビアスタイル

インディア・ペールエールという言葉から想像できる味わい
**やや高めのアルコール度数と強烈な苦味。
モルトの甘味でバランスをとっている。**

アメリカンスタイルIPA

アイランダーIPA（コロナドブルーイング）

しっかりしたモルトをベースに、じんわりと強烈に現れる苦味が特徴。にもかかわらず、グレープフルーツやマンゴーのような香りが心地よくドリンカブルに仕上げている。

カリフォルニア州

ダブルIPA

W-IPA（箕面ビール）

大阪府箕面市で造られているダブルIPA。ホップ由来の柑橘系の香りとしっかりした苦味、度数9％のアルコールをモルトのしっかりしたフレーバーが支えている。

大阪府

● ポーター

　上面発酵で造られる濃色ビールの代表的ビアスタイルがこのポーター。18世紀のイギリスでは、もともとスリースレッドと呼ばれるブレンドビールがあり、その味をブレンドせずに再現したエンタイアというビールが荷運び人（ポーター）に好評でした。これが、ポーターというビアスタイルの由来ですが、他にも諸説あります。

　また、ポーターはブラウンポーターとロブストポーターの2種類に分けることができますが、あまり明確に使い分けされてはいません。ブラウンポーターはダークブラウンでカラメルやチョコレートの風味があり、ロブストポーターはより色が黒く、軽いローストフレーバーがあります。ですが、現在入手できるポーターは、「ポーター」としか表示されていないことが多くなっています。

イギリスではパブがビール文化を育んだ　　　　　　　　写真：Garry Knight

第4章 これだけは覚えておきたいビアスタイル

ポーターという言葉から想像できる味わい
黒に近い色合いで、軽いローストフレーバー。
ホップの苦味も適度に感じられる味わい。

チョコレートのような味わいを持つものもある

ポーター

東京ブラック（ヤッホーブルーイング）

　チョコレートを思わせるロースト香。モルトの甘味がスムーズな口当たりを作り出していて、適度な焦げ感とともにホップの苦味も感じられる。

長野県

● スタウト

　ポーターがアイルランドに渡って改良されたものがスタウト（当時の呼称はスタウト・ポーター）です。「スタウト」とは「頑強な、丈夫な」という意味で、ポーターよりアルコール度数を高くしたものですが、現在のスタウトはそこまで強くはありません。

　スタウトを造り出したのはギネスの創業者アーサー・ギネス。当時は麦芽に税金がかけられていたので、節税のために麦芽化していない大麦をローストして加えました（ポーターはローストした麦芽を使用しています）。すると、コーヒーを思わせるシャープな苦味となり人気に。そして、アイルランドから世界中に広まっていきました。

　コーヒーを思わせるフレーバーと軽い酸味が特徴。スタウトもいくつかのビアスタイルに細かく分けることができ、ギネスのようなドライスタウトの他、ローストの苦味を抑えたスイートスタウト、乳糖（ラクトース）を加えたミルクスタウト、アルコール度数の高いインペリアルスタウトなどがあります。

スタウトという言葉から想像できる味わい
漆黒の色合いで、しっかりとしたローストフレーバー。
コーヒーのようなフレーバーと軽い酸味。

コーヒーを思わせるフレーバーが特徴

ドライスタウト

ギネス エクストラスタウト（ギネス）

　ドライスタウトの代表的銘柄。漆黒の色合いながら、口当たりがスムーズで後味もドライな印象。クリーミーな泡も魅力のひとつ。

アイルランド

ミルクスタウト

ミルクスタウト ナイトロ（レフトハンド）

　乳糖を加えたスタウト。ミルクチョコレートやバニラを思わせるフレーバーが特徴。炭酸ガスではなく窒素を使っていて、驚くほどなめらかな口当たりに。

コロラド州

● バーレイワイン

　名前にワインと付いていますが、もちろんワインではなくビール。バーレイとは大麦のことで、ワインのようにアルコール度数の高いビアスタイルです。アルコール度数は8%から12%にまでなるものもあり、アルコールの刺激とのバランスをとるために、甘味も強くなっています。色合いはブラウン。ホップの苦味とも調和がとれているのも特徴です。

　バーレイワインもイングリッシュスタイルとアメリカンスタイルがあり、使用するホップによって分けられますが、あまり明確ではなく、実際に購入できるバーレイワインでもはっきりと区別して表記しているものは多くありません。

バーレイワインという言葉から想像できる味わい
**ブラウンまたはより濃い色合い。甘味が強く、
アルコールの刺激も舌で感じられる。**

バーレイワイン

el Diablo（サンクトガーレン）

　しっかりしたモルトの甘味とアルコール感。ブランデーをも思わせる味わいがあり、瓶内熟成も可能。賞味期限は5年間。毎年数量限定で発売され、11月第3木曜日が解禁日となっている。

神奈川県

その他

● **ランビック**

　これがビールかと思わせる強烈な酸味が特徴。レモンや酢を思わせるほどの酸味で、なかなか飲み慣れないビールかもしれません。

　ランビックはベルギーのブリュッセルとその南西に位置する地域、そこを流れるゼネ川流域でのみ造られるスタイルです。一般的にビール醸造は雑菌が入らないように管理されているものですが、ランビック造りはまったく逆。麦汁を冷却する際に外気にさらし、土着の酵母を麦汁に取り込みます。その麦汁を木樽に入れて3年発酵・熟成させたものがランビックです。

　外気にさらしたときに取り込まれる野生酵母の種類は80種類以上とも言われますが、その中でもランビックを特徴づけるのはブレタノマイセスと呼ばれる酵母。獣臭とも言われる特徴的な香りをもたらします。

　なお、ランビックはそのままで飲まれることはほぼありません。スタイルとしても、若いランビックと古いランビックをブレンドさせたグーズ、砂糖を加えて飲みやすくしたファロ、チェリーを加えたクリークといったものに分けることができます。次項で説明するフルーツビールのベースとしても使われることが多いビアスタイルです。

ランビックという言葉から想像できる味わい
レモンや酢のような強烈な酸味。
甘味はほぼ感じられず、後味もドライな印象に。

ランビック

カンティヨン・グース（カンティヨン醸造所）

レモンのような香りと、強烈ながらも荒々しくはないクリアな酸味が特徴。苦味や甘味はさほど感じられず、後味はドライな印象。

● フルーツビール、フィールドビール

副原料として、フルーツを使用したビールをフルーツビールと呼びます。ベースとなるビールはラガー、エールだけでなく、あらゆるビールが対象。フルーツを使っていればフルーツビールとカテゴライズされるので、発酵方法は問われません。

また、フルーツを使うタイミングも、麦汁と一緒に煮沸したり、発酵後に漬け込んだりと、いろいろな醸造方法があります。

使われるフルーツは、サクランボやラズベリー、桃などさまざま。ベルギーのフルーツビールでは、自然発酵のランビックにフルーツを漬け込んだビールがよく見られます。

このフルーツを野菜に変えたものがフィールドビールと呼ばれます。サツマイモやココナッツを使ったビールもあります。

フルーツビール、フィールドビールという言葉から想像できる味わい
使われているフルーツ、野菜の特徴を存分に生かした味わい。

フルーツビール

湘南ゴールド（サンクトガーレン）

神奈川県が開発した湘南ゴールドというオレンジをまるごと使用したフルーツビール。香りから後味まで、オレンジのジューシーさが感じられる。

フィールドビール

COEDO 紅赤 -Beniaka-（コエドブルワリー）

川越の紅赤というサツマイモを原料として使用しているが、全面的にサツマイモのフレーバーが出ているわけではなく、ビールとしてのバランスがとれている味わい。

● セッションビール

　セッションビールも、上面発酵か下面発酵かを問わず、既存のスタイルの特徴を持ちながら、アルコール度数だけを低くしたものです(アルコール度数は5％以下であることが多くなっています)。

　例えば、セッションIPAは、IPAの特徴である強い苦味や香りは残しつつも、アルコール度数だけが5％以下になっているビールのこと。このように既存のビアスタイルに対して「セッション」と付けられるので、発酵方法は問われません。

　とはいえ、セッションと名付けられるビアスタイルで目にするのはセッションIPAがほとんどです。

セッションビールという言葉から想像できる味わい
既存のビアスタイルよりも軽い口当たり。
アルコール度数も低く、喉の通りも軽い。

セッションビール

オールデイIPA(ファウンダーズ)

　セッションIPAの元祖的存在。アルコール度数は4.7％だが、飲みごたえのあるモルト感と、しっかりしたホップの苦味を楽しめる。グレープフルーツのようなアロマも心地よい。

ミシガン州

● スモークビール

その名の通り、スモークしたモルトを使ったビールを総称してスモークビールと呼びます。特にドイツでは、ラオホというビアスタイルがあり、スモークしたモルトを使ったメルツェン・ラオホ、ヴァイツェンをベースにしたヴァイツェン・ラオホなどがあります。

スモークビールは、スモークしたモルトを使っているため、その多くは濃色系の色合い。単にスモーキーなだけではなく、既存のビアスタイルの味わいを生かしつつ、スモーキーフレーバーが調和しているのが特徴です。

スモークビールという言葉から想像できる味わい
**特徴的なスモーキーフレーバー。
スモークは強すぎず、むしろスムーズなレベル。**

スモークビール

シュレンケルラ・ラオホビア メルツェン（ヘラー醸造所）

メルツェンをベースにしたスモークビール。燻製香の中にはコーヒーのような香りも感じられ、モルトの甘味とのバランスもとれている。

ドイツ

◉トラピストビール

　トラピスト会修道院で造られるビールの総称をトラピストビールと言います。そのため、ビアスタイルとして認識されているものではありませんが、簡単にここで紹介しておきましょう。

　トラピストビールを名乗れる修道院は、全世界に11か所あります(ベルギー6か所、オランダ2か所、オーストリア1か所、イタリア1か所、アメリカ1か所)。これらのトラピストビールを名乗っているビールには、「Authentic Trappist Product」と書かれたロゴが付けられています。

　そのうち、日本に輸入されているものは、シメイ、オルヴァル、ロシュフォール、ウェストマール、アヘル(以上ベルギー)、ラ・トラップ(オランダ)、グレゴリアス(オーストリア)の7か所。それぞれに特徴的なビールが造られていますが、総じてアルコール度数が高めのビールが多くなっています。

トラピストビール

オルヴァル(オルヴァル修道院)

　柑橘系やリンゴを思わせる華やかな香り。モルトの旨味と酸味が絶妙のバランスを保っている。
ホップの苦味は強く、甘味は控えめなので、後味はドライな印象。

第5章

自分好みのビールを選ぶには

ラベルの情報からビールの味を想像する

　第4章では、さまざまなビアスタイルについて紹介しましたが、どれが印象に残っているでしょうか。紹介したビアスタイルは一部に過ぎず、他にもたくさんのビアスタイルがあり、また既存のビアスタイルに当てはまらないビールもあります。

　そんなビールが世の中には数え切れないほどあるのですが、では実際に飲んでみようと思ったときに、どう選んだらいいかわからないという悩みもあるかと思います。そのときに飲みたいビールを飲むのが一番いいのですが、そのビールの味わいがわからなければ、飲みたいビールなのかどうかの判断もできません。

　そこで、まずはラベルの情報からその味わいを判断する方法を紹介したいと思います。基本はビアスタイルに沿ったものですので、第4章を見直しつつ判断してみてください。

● ラベルに書かれているビアスタイルで判断する

　これは当たり前と言えば当たり前ですが、ビールのラベルや商品名にビアスタイルが書かれているものがありますので、そこから判断しましょう。「○○ペールエール」や「○○ヴァイツェン」といったものです。ビアスタイルそのものが書かれているので、味わいを想像するのは簡単です。

　特にペールエールやヴァイツェンは、多くの醸造所が造っているビアスタイルです。いくつかの醸造所のペールエールを飲んでみると、ペールエールというビアスタイルの最大公約数とも言える味わいが見つかると思います。その最大公約数を基準として、あの醸造所のペールエールは少し苦味が強いとか、この醸造所のペー

ルエールは甘味が強いといった特徴を把握しておくとよいでしょう。

● 既存のビアスタイルからの変化を見抜く

既存のビアスタイルで判断するよりも少々難易度が高くなります。というのも、既存のビアスタイルが変化したものというのは、つまりは味わいの説明書がないということだからです。

例えば、コエドブルワリーのビールに COEDO 伽羅 -Kyara- がありますが、このスタイルは「India Pale Lagar（インディア・ペールラガー）」とされています。「インディア・ペール」ときたら続くのは「エール」ですが、これが「ラガー」に変化しています。ですが、公式にインディア・ペールラガーというビアスタイルはありません。それにもかかわらず、インディア・ペールラガー（IPL）のようなビールは意外と多くの醸造所で造られています。

COEDO伽羅-Kyara-（コエドブルワリー）

つまりはIPLとは、IPAのような特徴を持つビールをラガー酵母で造ったということなのですが、IPAがどんなビールなのか知っている人であればIPLがどんな特徴のビールなのか、なんとなく想像はできるかと思います。

　また、エールとラガーの特徴がわかっていれば、エールよりもラガーのほうがシャープな味わいであると想像できます。IPLとはIPAの特徴を持ったラガーで、比較的シャープな味わいなのでは、と考えられるのです。

　しかし、IPLの銘柄を実際に飲んでみると、味わいだけではエールなのかラガーなのか簡単には判断できないこともあります。苦味とのバランスをとるために甘味を強くしたことで、シャープな味わいは感じにくくなってしまうことがあるのです。IPAもIPLも「やや高めのアルコール度数で、モルトの甘味とのバランスがとれた強烈な苦味を持つビール」と理解しておけばよいでしょう。

　このように、既存のビアスタイルを理解しておけば、そこから想像をふくらませて味わいをイメージすることができます。その想像が必ずしも実際の味わいとぴったり同じということにはならないかもしれませんが、ある程度の方向性を判断することはできるようになります。

● 味わいを表すキーワードを理解する

　この考え方も、既存のビアスタイルからの変化に近い考え方ですが、もう少し細分化して考えてみましょう。

　IPAやIPLが表している味わいについては理解していただけたかと思いますが、それに別のキーワードが加わる場合も多々あります。ビアスタイルに加えてこういったキーワードも理解しておくことで、味わいを想像することができ、ビールの選ぶ際の判断基

準とすることができるのです。

　例えば、ウィートIPA、ライIPA、ブラックIPAと表記されているビールで考えてみましょう。IPAというビアスタイルはあっても、それぞれの表記通りのビアスタイルはありません。

　ですが、ウィートIPAについては比較的想像しやすいかと思います。ウィートとは小麦のことですので、小麦を使ったIPAという意味です。IPAに小麦の特徴であるまろやかさや酸味が少し加わり、見た目もやや白濁しているのではないかと想像できます。

　ライIPAも同様です。ライとはライ麦のことで、大麦や小麦にはない、ややスパイシーな印象を加えることができます。

収穫前の小麦

初夏のライ麦　　　　　　写真：Neurovelho

ブラックIPAについてもなんとなく想像できると思いますが、キーワードを分解しすぎると矛盾が生じてきます。ブラック・インディア・ペール・エールと分けられますが、ペール（薄い）という言葉があるのに、ブラックという対極にある言葉も加わっています。これは、IPAという言葉自体が「やや高めのアルコール度数で、モルトの甘味とのバランスがとれた強烈な苦味を持つビール」という固有名詞となっていて、そこにもはや「ペール」単独の意味合いはないということです。なので、ブラックIPAとは、ブラックモルトやローストモルトを使用した、色の黒いIPAであると想像できます。

　もうひとつ例を出してみましょう。

　アメリカンウィートという言葉からはどんな味わいが想像できるでしょうか。

　アメリカンスタイルIPAなどの項目でも説明したように、アメリカンスタイルとはアメリカンホップを使い、その特徴である柑橘系のフレーバーが感じられるものです。ですので、アメリカンウィートもアメリカンホップを使用しており、かつウィート（小麦）を使ったビールであると考えられます。つまり、柑橘系フレーバーがあり、かつ小麦由来の酸味、まろやかさがあるビールと想像できるのです。

　次ページ以降で、味わいを表すキーワードを一覧にしておきました。これらの組み合わせを解読すれば、それがどんなビールなのかがわかるようになります。

　例えば、「バレルエイジド・アメリカンスタイル・インペリアル・サワーIPA」というビールがあったとします（実際にこんなビールがあるかどうかはわかりませんが）。これがどんなビールなのかはキーワードを解読することで想像できます。

各キーワードに分解してみると、以下のようになります。

バレルエイジド：樽で長期熟成させた
アメリカンスタイル：(柑橘系フレーバーのある) アメリカ産ホップを使い
インペリアル：アルコール度数が高く
サワー：酸味が強い
IPA：強烈な苦味を持つビール

このようにキーワードに分解することで、味わいの想像ができるようになります。下記キーワード一覧を味わいの判断基準として参考にしてみてください。

国・地域を表すキーワード

キーワード	意味、味わい
アメリカン	アメリカ産ホップを使用。主に柑橘系のフレーバーが特徴。
イングリッシュ	イギリス産ホップを使用。若草やダージリンのようなフレーバーが特徴。
インターナショナル	アメリカ、イギリス産以外のホップを使用したり、伝統的なスタイルを改良したり、既存の枠にとらわれないものが多い。
オセアニア	オセアニア (オーストラリア・ニュージーランド) 産のホップを使用。
ニューイングランド	アメリカ北東部の地域。この地域から広まったニューイングランドIPAを想像することができる。濁りがあり、苦味は少ないがホップの香りは豊か。
ベルジャン	ベルギースタイルで使われる酵母を使用し、酵母由来のスパイシーさも感じられる。
ロシアン	主に「ロシアン・インペリアル・スタウト」として使われる。この場合、アルコール度数の高いスタウトを表す。

味の強弱を表すキーワード

キーワード	意味、味わい
IBU	International Bitterness Unit（国際苦味単位）のこと。ホップに含まれる苦味成分をもとに計算され、苦味の程度を表す。大手ビール会社のピルスナーは20前後のものが多いが、IPAでは50以上にもなる。ただ、あくまでも数値であり、実際に感じる苦味とは異なる場合もある。
インペリアル	アルコール度数を高くしたもの。ダブルと同義。もともとはロシア皇帝に献上していた「ロシアン・インペリアル・スタウト」で使われていた言葉だが、現在は「インペリアルIPA」のようにアルコール度数をより高めた意味合いで使われる。ダブルとほぼ同義。
ストロング	主に「ストロングエール」という形で使われ、アルコール度数が高いという意味。
セッション	既存のビアスタイルの特徴をそのままに、アルコール度数のみ5％以下にしたもの。
ダブル	インペリアルと同義。ただしベルギービールのビアスタイルとしてのダブルは別の意味になる。

原料・製法を表すキーワード

キーワード	意味、味わい
アンバー	琥珀色のこと。モルトの風味がしっかり出ているものが多く、軽いロースト感もある。
ウィート	小麦のこと。白濁した色合い、軽い酸味、まろやかな飲み口などが特徴。ウィット、ヴィット、ホワイトも同義。
グランクリュ	ワインではブドウ畑の格付けで最高のものを表すが、ビールではブランドの最上級品とされるものに付けられる。ベルギービールで使われることが多い。アルコール度数は高め。
クリスタル	主にヴァイツェンに使われる。酵母が残り白濁するヘーフェ・ヴァイツェンと比べ、クリスタルヴァイツェンは透き通った色合い。
クリスマス	クリスマスシーズンに販売されるビール。濃色でアルコール度数が高いものが多い。スパイスなどを使用して複雑なフレーバーを造り出すものも。

ゴールデン	黄金色のビール。濁りはなく、口当たりは軽めのものが多い。
サワー	酸味の強いビールの総称。ランビックのような自然発酵や樽熟成時の乳酸菌により酸味が造られる。
ダーク	黒に近い色合い。ブラックと同義。
ドライホップ	ホップを熟成段階で投入する方法。ホップの苦味を付けることなく、その香りだけをビールに付けることができる。
バレルエイジ	樽で長期熟成させたビール。ハイアルコールで、モルトの甘味が強いものが多い。
ブラウン	濃い茶色。モルトの風味が豊か。
ブラック	黒い色合いのビール。ブラックモルトを使用していることが多く、ロースト感のある味わい。
フルーツ	フルーツの特徴を生かしたビール。麦汁に加えて発酵前の原料として使うものもあれば、発酵後に果汁などをブレンドするものもある。
ヘイジー	濁り。ニューイングランドと同様、濁りがあり、苦味は少ないがホップの香りは豊かなビールがイメージできる。
ヘーフェ	ドイツ語で酵母を意味する。ヴァイツェンにおいて酵母を濾過せず濁りがあるものについて、接頭辞として付けられる。
ホッピー	ホップのフレーバーが豊かなこと。主に香りと苦味に対しての表現であり、柑橘系フレーバーをイメージすることが多い。
ホワイト	白いという意味だけでなく、小麦を使用していることを想像させる。
ライ	ライ麦のこと。独特のスパイシーさが加わっている。
ラガー	ラガー系全般の意味合いもあれば、ピルスナーとほぼ同義で使われることもある。
レッド	明るい茶色から銅色をイメージする色合い。酸味の強いフランダースレッドエール、軽い口当たりでさほどアロマは感じないアイリッシュレッドエールなどがあるが、ホップ・モルトともに豊かなフレーバーを出すアメリカンスタイルアンバーエールに近いレッドエールを指すことも多い。

ビールの味わいの基準を作る

　ここまで、ビールの味わいとその見極め方について説明してきました。ここからは、ビールの味わいをラベルや銘柄などの情報からある程度判断できるという前提で、どんな味わいのビールをどうやって選べばよいか、説明したいと思います。

　ここで説明するのは、ビールをよりおいしく味わうためには自分ならではの基準を作る、ということです。こう飲むべきであるという提言をするものではありません。ビールを飲むときの体調や気分に左右されることもあるでしょうし、そういった場合はビールの選択基準を適宜アレンジして飲んでみてください。

　ここから基準の作り方やビールの選び方について説明していきますが、最も重要なのは選び方ではありません。いかに楽しく、おいしくビールを飲むかということが重要なのであり、そのための方法論のひとつとして理解していただければと思います。

● まずは自分の好みを理解する

　では、ビールをどう選ぶかという話をする前に、まずは自分の好みを理解しておきましょう。苦いビールが好きなのか嫌いなのか、甘いビールが好きなのか嫌いなのか、ある程度自分の嗜好を把握した上で、自分に合うと思うビアスタイルのビールを何銘柄か飲んでみてください。

　苦いビールが好きなのであればIPAをおすすめしますが、ローストの焦げた苦味が好きなのであればポーターやスタウトがいいでしょう。一方で、苦味が好みでなければ、ベルジャン・ホワイトエールやヴァイツェン、フルーツビールといったビアスタイルが選択

肢に入ってきます。第4章のビアスタイルを参考に、まずはいくつか試して飲んでみてください。

その上で、好みではないな……と思ったら違うビアスタイルのビールを飲んでみましょう。ビールは味の幅が広いお酒です。必ず自分の好みに合ったビールがあるはずです。好みのビールを見つけられたら、同じビアスタイルで、異なる醸造所の銘柄も飲んでみましょう。そうすることで、前述の通り、ビアスタイルの最大公約数的な味わいがわかるようになり、自分の感覚の基準を作り上げることができます。

◘ホップの苦味が特徴的なビール
インディア・ペールエール（IPA）、ペールエール、ピルスナー

◘ローストの苦味が特徴的なビール
シュヴァルツ、ポーター、スタウト

◘苦味が少ないビール
ベルジャン・ホワイトエール、ヴァイツェン、フルーツビール、ランビック

◘甘味が特徴的なビール
フルーツビール、バーレイワイン

● 好みの醸造所を見つける

　好みの醸造所を見つけて、その醸造所のビールを一通り飲んでみるのもひとつの手です。自分が住んでいる地域にある醸造所だからとか、たまたま飲んでみたらおいしかったとか、きっかけは何でもよいと思います。何かに思い入れを持って応援できる醸造所があると、ビールライフもより楽しくなるのではないでしょうか。

　また、ビアスタイルの最大公約数的な味わいを見つけるように、醸造所の最大公約数的な味わいを見つけることも楽しさのひとつです。その醸造所でIPA、ペールエール、ピルスナー、スタウト等々さまざまなビアスタイルを造っていたとしても、酵母やホップ、モルトの種類・使い方などで、共通の味わいを見つけることができます。その醸造所の味わいの特徴を自分の基準として設定できると、他の醸造所のビールを飲んだときに違いがよりわかりやすくなるというメリットもあるのです。

● 限定ビールよりもレギュラービールを

　通年で販売されているレギュラービールに加えて、その時期限定のビールを販売する醸造所も多くあります。季節の素材を使って醸造していたり、他の醸造所とコラボレーションして数量限定で販売していたり、意識してチェックしていると限定ビールは意外と多く販売されていることがわかります。

　しかし、自分の味わいの基準や好みのビールが見つかるまでは、限定ビールよりもレギュラービールを飲んだほうがよいのではないかと思っています。もちろん、「限定」ならではの魅力もありますし、飲むべきではないということではありません。一期一会という意味でも、そこに価値を感じておいしく飲めるということもあるでしょう。

第5章　自分好みのビールを選ぶには

「びあマ&びあマBAR北千住店」は1200種類以上のビールを揃えている。神田店では約800種類。店内で飲むことも可能

キリンビールが展開するディスペンサー「タップ・マルシェ」。キリンビール以外にもヤッホーブルーイング、伊勢角屋麦酒などの銘柄に対応。飲食店に省スペースで設置でき、利用が広がっている

しかし、ここで伝えておきたいのは、限定ビールというのは各醸造所のレギュラービールという土台があった上での限定ビールだということです。ある意味で変化球とも言えるので、その醸造所のレギュラービールの特徴がわかった上で、もしくはその限定ビールのビアスタイルの特徴がわかった上で飲むと、非常におもしろく、興味深く飲むことができます。
　例えば、レギュラービールとしてアメリカンスタイルのビールしか造っていない醸造所があり、限定ビールとしてドイツ発祥のヴァイツェンを造ったとします。そこで、何の情報もなくいきなり限定ビールのヴァイツェンを飲むよりは、その醸造所のレギュラービールであるIPAなどの味を知った上で(その醸造所の基準を知った上で)「アメリカンスタイルばかり造っている醸造所のヴァイツェンはどんな味なんだろう」と想像しながら飲むとおもしろいですし、記憶にも残りやすくなります。

限定ビールには旬のフルーツを用いたものなども多く魅力的だが、その醸造所のレギュラービールの傾向を知るとより楽しめる(写真はイメージ)

また、ヴァイツェンをよく飲んでいる人であれば、ヴァイツェンの味わいの基準を持っているはずなので、「一般的なヴァイツェンと比べてどんな味なんだろう」と想像しながら飲むことができます。
　このように、ある程度自分の基準と言えるものが見つかるまでは、限定ビールよりもレギュラービールを選んで飲んだほうがよいのではないかと考えています。基準があってこそ、変化球を楽しむことができるのではないでしょうか。
　そして、限定ビールに再現性は期待できないということも付け加えておきましょう。限定はあくまでも限定であって、また飲みたいと思っても飲むことができない可能性が高いのです。自分の基準を作り上げるためのビールとしては最適なものではないかもしれません。
　一期一会の限定ビールを飲むことは、それはそれで素晴らしい経験になるとは思いますが、自分の基準を作り上げている段階で限定ビールとレギュラービールのどちらを飲もうかと迷うことがあれば、まずはレギュラービールを飲むことをおすすめします。

何杯か飲むときの選び方の基本

　ビアバーやビールイベントなどでは、1杯だけでなく何杯もビールを飲むことになるでしょう。そういった場合は、すっきりした味わいのビールから飲み始めて、徐々に濃い味わいのビールを飲むのが基本です。
　これはビールに限らないのですが、最初に濃い味のものを口に入れると、その感覚が舌に残ってしまうのです。例えば、ホップ

の苦味が強いIPAを1杯目に飲むと、その苦味がずっと舌に残り、2杯目にベルジャン・ホワイトエールを飲んでもその味わいがわかりにくくなります。同じように、モルトの甘味が強いバーレイワインを飲んだ後にピルスナーを飲んだら、ピルスナーならではの繊細なモルト感もしっかり感じられないでしょう。

　同様に、アルコール度数についても少々気にして飲んでみるといいと思います。アルコール度数の低いビールから高いビールへと進めていくのが基本。アルコール度数が高いということは、アルコールの刺激が強いというだけでなく、バランスをとるために濃い味わいにしていることも多いからです。

　また、第7章で紹介しますが、料理と合わせることを考えてビールを選ぶのもいいでしょう。油っこいものをつまみにゴクゴク飲むだけがビールの楽しみ方ではありません。薄い色合いの料理には薄い色のビールを、濃い色合いの料理には濃い色のビールを、といった合わせ方があります。

　メインの肉料理に合わせて、ホップのフレーバーが薬味のような役割も期待できるIPAを選んでみたり、デザートのワッフルに合わせてベルジャン・ホワイトエールを選んでみたり、といったビール選びで新しい世界が開けてくるかもしれません。

第6章

ビールをおいしく飲むためには

ビールは光と熱を避ける

　ビールの保管方法について考えてみたことはあるでしょうか。実は、ビールは光と熱に弱いお酒なのです。購入したビールをできるだけ劣化させずにおいしく飲むためには、購入後の保管方法にもできるだけ気を遣ってみましょう。ビールの品質を劣化させる大きな要因である、光と熱を避けて保管するのが基本です。

　光を避ける理由としては、ビールに光を当てるとその苦味成分が日光臭と言われる不快な臭いに変わってしまうからです。ビールには茶色や緑色のボトルが使用されていることが多いと思いませんか。これは光をできるだけ遮るために、透明ではなく色が付いたボトルを使用しているのですが、それでも完全に遮ることはできません。ボトルはできるだけ光に当てないようにしましょう。缶であれば光を完全に遮断できるので、クオリティ保持の面ではボトルよりも缶のほうが優れていると言えるでしょう。同じ銘柄で缶とボトルがあれば、缶のほうがおいしいビールが飲める可能性は高くなります。

　また、熱もビールのクオリティに影響を与えます。ビールを高温の場所に放置しておくと、香りが変化してしまい、ダンボールのような臭いが出るようになります。一方で、冷凍庫のような低すぎる温度も品質変化の要因となってしまいます。できるだけ冷暗所で保管するようにしましょう。

　ただ、酵母が濾過されずに残っているようなビールは冷蔵で保管する必要があります。そういったビールは、ラベルに「要冷蔵」と書かれていますので、常温保存や冷暗所での保存ではなく冷蔵庫で保管してください。ただし、冷蔵庫のドアポケットに入れて

おくと、開閉の際の振動で炭酸ガスが分離してしまいます。ドア側ではなく本体側の揺れが少ない場所に保管するのがベストです。

　このように考えてみると、ビールをおいしく飲むためには、ある程度しっかりと保管しないといけないということが理解できるかと思います。また、保管状況を確認することで、お店がビールを大切に扱っているかどうかもわかるということでもあります。ビールのボトルを直射日光の当たる場所に置いていたり、要冷蔵のビールを常温保管していたりするお店では、クオリティの高いビールはあまり期待できないと考えることができるのです。

　自宅でビールを保管する際には、要冷蔵のもの以外はあまり神経質になる必要はありませんが、光と熱には十分注意して保管するようにしましょう。

缶と比べると、ガラスのボトル、中でも色の薄いものは光を通しやすい。取り扱いには注意が必要　　　　　　　　　　　　　　　　　　　　　　写真：eyeami/stock.adobe.com

ビアスタイルによって適切な温度で飲む

　ビールはキンキンに冷やした状態で飲むのがベストだと思っている方もいるかもしれませんが、あまりおすすめできる飲み方ではありません。

　確かに、真夏の暑い時期に冷やしたビールをゴクゴク飲むことは、それだけで幸せな気分になれるものですが、ビールを味わうという視点から考えるといい飲み方とは言いにくいのです。ビールだけでなく、飲み物や食べ物は、冷たい温度だとその香りや味わいを十分に感じることができません。どんなにモルトの風味が豊かで、ホップの香りが立つビールであっても、冷やしすぎてはその魅力を存分に発揮できなくなってしまいます。

　どれくらいの温度が適切なのかは、ビアスタイルによって変わってきます。下記の温度を目安にしてみるといいでしょう。基本としては、ラガーは低めの温度、エールは少し高めの温度だと理解しておいてください。

> ピルスナー：6度前後
> IPA：10度前後
> スタウト：12度前後
> バーレイワイン：14度前後

　冷蔵庫内の温度は5度前後に設定されているので、ピルスナーは冷蔵庫から出してすぐ飲むくらいがよいでしょう。IPAやスタウト、バーレイワインについては、冷蔵庫から出して10分ほど置いてから飲むとよいかもしれません（どれくらい置いておくかは気

温にもよります)。

　また、ラベルに最適な温度が書かれているビールもあります。その温度であればおいしく飲めるということです。とはいえ、温度も厳密に考える必要はありません。冷やしたバーレイワインをチビチビ飲み、時間が経って温度が上がることによる味わいの変化を楽しむことも、ビールの味わい方のひとつだと思います。

きれいなグラスで飲む

　まず前提として、ビールは必ずグラスに注いで飲むようにしてください。屋外のバーベキューやキャンプなどで、グラスがない場合は仕方がないですが、基本的にはボトルや缶から直接飲むのは推奨しません。ビールはグラスに注ぐことで適度に炭酸を抜くことができ、ビールの香りもより感じられるようになるのです。

　そして、当たり前と言えば当たり前ですが、きれいなグラスで飲みたいものです。ビールグラスはできるだけ油が付かないように洗ってください。他の食器を洗うスポンジでグラスも洗ってしまうと、他の食器に付いていた油がグラスに移ってしまいます。油がグラスに付いていると、泡が立ちにくくなってしまいます。可能ならビールグラス専用のスポンジを使いたいものです。洗う際には、しっかりすすいで洗剤を完全に落とすようにしましょう。

　また、洗った後はグラスを自然乾燥させてください。布などで拭くと、その微細な繊維がグラスに付き、そこに気泡が付着することで泡持ちにも影響が出てくるようになります。グラスの内側に気泡がたくさん付いていたら、汚れや繊維が残っている証拠です。

ガラスの外側に水滴が付くのは内外の温度差のためだが、内側にたくさん気泡が付くのは、グラスの汚れによる場合が多い。ビールに含まれる二酸化炭素の泡（炭酸）の持ちに影響してしまう

　ビールを注ぐ前にも一度すすぎましょう。グラスの内側に水分が残っている状態であれば、なめらかにビールを注ぐことができるようになります。

グラスを変えて飲む

　グラスの形状によって、味わいの感じ方が変わってくるのはご存知でしょうか。

　どんなグラスで飲んでも決して間違いではありませんが、グラスの形状による特徴を理解した上でグラスを変えて飲むと、ビールの魅力をより引き出せたり、他のグラスではわからなかった味わいを感じ取ったりすることもできます。

　ビール専門ではない居酒屋でビールを飲む場合、使われるグラスとしては、ジョッキ、細長いグラス、瓶ビールと一緒に出てくる小さいグラスくらいしかありませんが、ベルギービール専門店では銘柄ごとに専用のグラスがあります。ベルギービールでなくて

も、そのビールの魅力を最大限に引き出すグラスが設定されている銘柄もあります。

また、ビール専用のグラスもさまざまな種類が販売されており、形状によって特徴も異なりますので、比較的入手しやすいものを3つ紹介しましょう。

✿ピルスナーグラス

細く背が高いグラスで、口の中にビールが勢いよく流れ込むため、爽快感のあるビールに適しています。また、鼻で香りを感じにくく、よりシャープな味わいに感じられるようになります。

✿ヴァイツェングラス

その名の通りヴァイツェン専用のグラス。ピルスナーグラスと同じように背が高いのですが、下部が狭まっていて上部が丸みを帯びています。下部のくびれで泡が押さえられ、長持ちする泡を作ることができます。

✿チューリップグラス

チューリップのような形状で、香りを感じるのに適したグラス。なみなみと注ぐのではなく、グラスの半分くらいまで注ぎ、上部に香りを閉じ込めるようにします。飲む際に鼻がグラスに入るため、より香りを楽しむことができます。

特定の名称が付いていないグラスもありますが、その形状によってどんな特徴があるかを理解しておくとよいでしょう。

　すっきりとシャープに飲みたいのであれば、背が高く細いグラス。より香りを感じたいのであれば、口が狭まっていて飲む際に鼻がグラスに入るようなグラス。ハイアルコールでじっくりと飲みたいのであれば、口全体にゆっくりと流れ込む聖杯型のようなグラスが適しています。

　ビアスタイルに合わせてグラスを変えると、ビールの魅力を最大限に味わうことができると思いますが、いくつもグラスを揃えるのは現実的ではありません。自分の好きなビアスタイルに合ったグラスをひとつ持っているといいと思いますが、迷ったら万能型とも言えるチューリップグラスを選ぶといいでしょう。私自身はバーレイワインでもピルスナーでも、チューリップグラスに注いで味わっています。

　もちろんグラス選びにも正解はありませんので、グラスを変えることで味わいの違いを楽しんでみてください。同じビールであっても新しい発見があるかもしれません。

注ぎ方を変える

　ビールは注ぎ方によっても味わいが変わってきます。注ぎ方にもいろいろありますが、簡単に言ってしまえば、泡をどう立てるかで、味わいが変化してくるのです。

　ここでは、缶やボトルの場合の代表的な注ぎ方のひとつである「三度注ぎ」を紹介しましょう。お店のビアサーバーで注ぐ方法と

してはまた違う方法論があるのですが、現実的にはあまりそのような機会はありませんので割愛します。

　三度注ぎは、ピルスナーグラスのような高さのあるグラスに、ピルスナーを注ぐのに適しています。

1. ビールを勢いよくグラスに注ぐ。泡がグラスの縁まで上がってきたら、注ぐのを一旦(いったん)止める。
2. 泡が落ち着くのを待ち、泡と液体が5:5くらいになったら再びビールを注ぐ。1回目よりもやさしく注ぎ、泡が縁の少し手前まで上がってきたら注ぐのを止める。
3. また泡が落ち着くのを待ち、泡と液体が4:6くらいになったらまたビールを注ぐ。泡を持ち上げるようにやさしく注ぎ、泡と液体が3:7になったら完成。

　このように注ぐことで、炭酸を適度に抜いて口当たりをマイルドにすることができます。また、泡も消えにくくなり蓋(ふた)の役割をすることで、液体が空気に触れずに酸化しにくくなるのです。

　さらに、泡にはホップの苦味成分であるイソフムロンが吸着するため、液体部分の苦味はその分だけ減ることになります。つまり、飲み始めは苦味成分が泡に付いているため苦味を感じにくいのですが、飲み進めていくに従って徐々に苦味が強くなっていきます。序盤はすっきりと、そして徐々に苦味が強くなっていく味わいの変化も楽しめるのです。

　また、ビアスタイルによってはこのような注ぎ方が適さない場合もあります。ヴァイツェンはそもそも泡が豊かなビアスタイルですので、三度注ぎのような注ぎ方をしているといつまでも泡が消えません。ヴァイツェンはまずグラスを傾けて8割ほど注ぎます。

そして残りの2割を注ぐのですが、ヘーフェ・ヴァイツェンの場合は酵母が底に溜(た)まっているため、ボトルをゆらして撹拌(かくはん)させ、酵母も一緒に注ぐようにします。

一方で、泡を立てずにゆっくりとビールをグラスに移すような注ぎ方も一度試してみてください。炭酸とホップの苦味がダイレクトに伝わり、シャープな味わいが感じられるようになります。三度注ぎと飲み比べてみるのもおもしろいでしょう。

熟成させると味わいが変わる

ほとんどのビールは、できるだけ新鮮なうちに飲むのがベストです。ビールは生ものだと思ってください。醸造所から出荷された後は、徐々に味わいが変わっていきます。前述のように光と熱を避けて保管できていないと、驚くほど劣化は早くなります。

ドイツでは「ビールは醸造所の煙突が見える範囲で飲め」と言われます。つまり、それくらい醸造所から近いところでないと、おいしいビールは飲めないということです。もちろん、今は冷蔵管理や輸送技術が発達してきたため、ドイツで造られたビールも日本でおいしく飲むことができますが、それくらいビールにとって鮮度は大切だということなのです。

しかし、実はその逆のビールもあります。

第1章でも少し書きましたが、瓶内熟成が可能なビールで、数年間熟成させて味わいを変化させることができるものです。国内のビールであれば、那須高原ビールの**ナインテイルドフォックス**がいい例でしょう。このビールは賞味期限が25年もあり、この間

は熟成が進み味わいが徐々に変わっていきます。アルコール度数11％のどっしりとした飲み口で、年を重ねるごとに角がとれて丸い味わいになるのです。

これだけ長期間熟成させることができると、記念ビールとして保管しておくという楽しみ方もできます。例えば、結婚した年や子どもが生まれた年のナインテイルドフォックスを購入して保管しておき、10年後、20年後の記念日に飲むといった楽しみ方です。

ナインテイルドフォックス（那須高原ビール）

ナインテイルドフォックス以外にも、数年間瓶内熟成できる銘柄としては、シメイ・ブルーやシメイ・グランド リザーヴ（ともにスクールモン修道院）、オルヴァル（オルヴァル修道院）、サミクラウス（シュロス・エッゲンベルグ）、el Diablo（サンクトガーレン）などがあります（熟成可能な期間は銘柄によって異なります）。これらは、アルコール度数の高いものが多く、味わいもどっしりしていて、ゴクゴク飲むタイプのビールではありません。

ビールは鮮度が命でワインやウイスキーのように長期熟成できない、と思われている方も多いのですが、ワインと同じような熟成の楽しみ方ができるビールもあるのです。ビールの多様性はこういったところにも表れていて、それがビールの魅力のひとつと言えます。

しかし、繰り返しますが、ほとんどのビールはできるだけ新鮮なうちに飲んでください。ビールの飲み頃を知っておくことも、おいしくビールを飲むには必要なことなのです。

シメイ・グランド リザーヴ（スクールモン修道院）

オルヴァル（オルヴァル修道院）

サミクラウス（シュロス・エッゲンベルグ）

el Diablo（サンクトガーレン）

第7章

どんな料理でも
必ず合うビールはある

ペアリングの考え方

　ここまで、ビールの多様性ということを軸に、その魅力について書いてきました。ビールはただ飲むだけでもその多様さを感じることはできますが、ポテンシャルをより発揮できるのは、料理と合わせたときではないかと思います。

　というのも、ここまで何度も書いてきていますが、ビールは味わいの種類の幅が広く、極端に酸っぱいビールから甘いビール、苦いビールまでさまざまです。また、どんなビールでも苦味だけでなく甘味、酸味など、あらゆる味が組み合わさって成り立っています。「ビールと言えばこんな味」というイメージを設定できないほど味わいの種類があるお酒であり、逆に言えば、どんな料理にも何かしらのビールを合わせられるということでもあります。

　そこで、どんな料理にどんなビールを合わせたらよいか、ということについてこの章で考えてみたいと思います。

　ペアリングという言葉を聞いたことはあるでしょうか。ペアリングとは、ビールと料理の組み合わせのことです。ただ組み合わせるだけではなく、ビールと相性のよい料理を組み合わせることで、それぞれの味わいに相乗効果を加えることができます。

　そこで必要になってくるのが、ビアスタイルの知識や、ラベルのキーワードから味を想像する力。ビールの味を想像できるようになると、その味がどんな料理に合わせられるのかということまで考えられるようになります。逆に、料理に対してどんなビールを選べばいいのかがわかるということでもあります。ワインで言えば、濃厚な肉料理には赤ワインを、淡泊な魚料理には白ワインを、というようなものです。

こういったことが理解できるようになると、ビールの楽しみ方は格段に広がります。例えば、ビールについてあまり詳しくない人は、バニラアイスと一緒にビールを飲もうと思うでしょうか。ビールと一緒に味わうものと言えば、ソーセージや唐揚げのように油っこいものや枝豆などを挙げる人が多いと思います。それはそれで魅力的な楽しみ方ではありますが、違う組み合わせ方もあるということを知れば、もっとビールの世界が広がっていくのではないでしょうか。

では、ペアリングの具体的な方法を紹介する前に、ペアリングの考え方について書いておきましょう。ペアリングの考え方としては次の3つがあります。

◙ ビールで料理の味を切る

これは多くの人が意識せずに実践している方法ではないでしょうか。ビールに合うとよく言われている組み合わせはこの考え方が基本になっていることが多いようです。例えば、唐揚げのように油っこい料理を食べた後に、ピルスナーのようなすっきりしたビールで油を流すという組み合わせです。この組み合わせによって、口の中をリフレッシュさせることができ、次の料理の一口をまた新たな気分で味わうことができます。

◙ ビールと料理の共通する味を合わせる

比較的簡単なペアリングの考え方です。ビールと料理に共通の味があれば、まず合わないことはありません。例えば、スモークサーモンやスモークチーズなどの燻製した料理にスモークビールを合わせたり、チョコレートケーキにチョコレート

の風味が特徴のスタウトを合わせたり、同じ味わいを見つけて揃えるだけです。同じ味わいが相乗効果によって強調されるようになります。

◫ビールと料理の異なる味を組み合わせる

これは少々難しい考え方です。ビールと料理の異なる味わいを組み合わせて、強調させたり、やわらげたり、または新しい味わいを作り出したりします。そのためには、ビールと料理双方の味を分解して考えなければいけません。また、苦味、甘味、酸味はそれぞれ相性のいい組み合わせもあり、それも理解しておく必要もあります。例えば、ローストの苦味と甘味は非常に相性がよく、ロースト感のあるスタウトに甘味のあるバニラアイスはまさにぴったりの組み合わせ。苦味と甘味で新しい味わいを作り出すことができます。

この3つの考え方について、もう少し詳しく説明していきたいと思います。この考え方を理解すれば、ビールと料理の組み合わせだけでなく、他のお酒と料理の組み合わせや、料理と料理の組み合わせにも応用することができます。

ビールで料理の味を切る

ビールを使って料理の味を切り、口の中をリフレッシュさせます。最も簡単なのは、油っこい料理をピルスナーで洗い流すという方法です。ソーセージや唐揚げ、フライドポテトといった油分

の多い料理を食べて、ピルスナーをゴクゴク飲むのは至福の瞬間ではないでしょうか。

また、味を切るというのは、油を流すということだけではありません。カレーのようにスパイシーな料理だったり、味噌煮込みのような濃い味付けの料理に、ピルスナーのようなすっきりしたビールを合わせると、舌に残った料理の味をリセットすることもできます。

ただし、ピルスナーにもさまざまな種類がありますので、場合によっては味を切ることに適していない銘柄もあります。麦芽の風味が強く比較的甘味が感じられる銘柄だと、後味としてビールの味が残ってしまうのです。ピルスナーの多くの銘柄はホップの爽快さもあり、後味もすっきりしているため料理の味を切ることに適していますが、そうでない銘柄もありますので、やはり自分ならではのビールの基準を作って銘柄ごとの特徴を覚えておくとよいでしょう。

唐揚げなどの油分が多い料理、味噌煮込みといった味の濃い料理に、ピルスナーのようにすっきりしたビールは合う

また、ピルスナーでなくても爽快さがあり、後味がすっきりしているビールであれば、料理の味を切るのに適しています。例えばセゾンはどうでしょうか。セゾンは醸造所によって特徴が大きく変わるビールでもありますので、どのセゾンでも必ず合うとは言い切れませんが、比較的ドライな味わいが多いため、舌をリセットする役割を担うことも可能です。

　しかし、このように説明しておきながらも、ただ味を切るだけの役割にビールを使うのは少々残念でもありもったいないと思っているのが本音です。よくビールに合う料理として紹介されているようなものは、ほとんどがこの組み合わせなのですが、合わせるビールもピルスナーを前提としたものばかり。「ビールに合う」と書かれていても、なぜその料理がビールに合うのかという根拠がまったく書かれていないことが多いのです。ビールは味の多様性があるビールなのですから、料理の味を切るだけではないペアリングを試していただきたいと思います。

ビールと料理の共通する味を合わせる

　この考え方を実践する最も簡単な方法としては、色を合わせるということが挙げられます。

　ビールの色は主にモルトのロースト具合によって決まるのですが、ローストモルト、ブラックモルトなど、色の濃い麦芽を使うと、ビール自体の色が濃くなり風味も強くなります。そのため、濃色のビールを淡色の料理に合わせると、料理の風味が消されてしまうことが多いのです。逆に、淡色のビールは風味も軽くなります

ので、濃色の料理と合わせるとビールが料理に負けてしまいます。ですので、淡色のビールは淡色の料理と、濃色のビールは濃色の料理と合わせるのが基本です。

　秋冬の時期になると、大手ビール会社からも季節限定のビールが出るようになりますが、これらのビールの特徴をご存知でしょうか。キリン秋味であればモルトの風味を強くしてアルコール度数も少し高めにしています。また、琥珀エビスはその名の通り琥珀色のビールで軽いロースト感、カラメル感のある味わいです。なぜこのような味わいにしているかというと、秋冬になると濃い味わいの料理が増えてくるからなのです。ライトな味わいのビールで秋冬の濃い料理の味を切るのではなく、料理に同調させ、かつ負けないようにしています。

　では、濃色のビールと濃色の料理を合わせる例を紹介しましょう。

キリン秋味（キリンビール）　　　琥珀エビス（サッポロビール）

＊ともに写真は2018年のもの

スタウトにタレで味わう焼き鳥はいかがでしょうか。スタウトはローストした大麦の焦げ感が特徴のビールですが、濃色のタレを付けた焼き鳥にはよく合うのです。焼き鳥自体に焼いた香ばしさがあり、スタウトのロースト感とマッチします。また、焼き鳥のタレにはやや甘味があるのですが、これはローストした苦味との相性が抜群。この相性については、次項で詳しく説明します。

　スタウトのロースト感に着目すると、焼き鳥はタレでなく塩でもよさそうに思います。実際、塩でもよく合うのですが、この場合は塩も鶏肉も淡色系の食材ですので、ビールも淡色系にしてみましょう。ピルスナーはもちろん、おもしろいところではランビックもよいかもしれません。

　ランビックは淡色系ビールなので、淡色系の鶏肉にはよく合います。焼き鳥だけでなく、唐揚げにもいいでしょう。このランビックと唐揚げが合う理由としてはもうひとつあるのですが、これも次項で説明したいと思います。

タレでいただく焼き鳥とスタウトは濃色系の組み合わせ、塩でいただく焼き鳥とランビックは淡色系の組み合わせ

色を合わせるということは、共通する味わいを可視化したという意味で非常にわかりやすい方法です。料理にどんなビールを合わせたらいいか、迷ったらまず色を合わせるという方法を試してみてください。

もうひとつ、共通する味を合わせるには、発祥の国を合わせるという方法もあります。ビールや料理を実際に作った国ということではなく、ビールや料理のルーツとなった場所ということです。

ドイツ発祥のビアスタイルであるヴァイツェンと、ヴァイスヴルスト（白ソーセージ）がいい例でしょう。ともにドイツということだけでなく、ドイツの中でも南部のバイエルンが発祥です。ヴァイツェンは小麦のタンパク質由来の白濁が特徴で、白いヴァイスヴルストと合います。そもそも発祥国で合わせるというのは、新しい発見ということでも何でもなく、伝統的にその地域で相性のいい組み合わせとして現在まで残っているということなのです。これは考え方ということではないので、どの国にどんな組み合わ

ドイツ生まれのヴァイツェンと、やはりドイツの白ソーセージの相性は抜群

せがあるのかを知識として蓄えておくとよいでしょう。

さらに、もう少しレベルを上げると、ビールと料理の味わいを分解した上で、共通項を合わせるという方法があります。

例えば、ベルジャン・ホワイトエールを分解してみると、小麦由来の酸味とオレンジピールによる柑橘系フレーバーが特徴的です。この酸味と柑橘系フレーバーに着目すると、チキンソテーのオレンジソースやオレンジケーキといった料理が合わせやすいと考えられます。オレンジという共通項があり、チキンソテーはともに淡色系という共通項もあります。

この共通する味を合わせるという考え方は、ペアリングの基本とも言えます。方法としては、色を合わせる、発祥国で合わせる、味を分解して共通項を合わせる、ということを覚えていただければと思います。

オレンジソースをかけたチキンソテーは、柑橘系のフレーバーという共通項があるベルジャン・ホワイトエールと合う

ビールと料理の異なる味を組み合わせる

「ビールで料理の味を切る」「ビールと料理の共通する味を合わせる」という考え方と比べて、もう一段階進んだ考え方を紹介しましょう。

方法としては、ビールと料理の味わいを分解し、共通項ではなく異なる味を組み合わせるというやり方です。しかし、異なる味であればどんな組み合わせでもいいということではなく、相性のよい組み合わせ方があります。

● 塩味×酸味

「ビールと料理の共通する味を合わせる」で、焼き鳥の塩や唐揚げにはランビックが合うと書きました。これはビールも料理も淡色系ということ以外にも、新しい味わいを作り出せるからという理由があります。

焼き鳥も唐揚げもベースは塩味です。そして、ランビックはレモンや酢を思わせる強烈な酸味が特徴。この塩味と酸味はお互いの味をやわらげ、また、酸味は旨味を引き立てる効果もあります。

焼き鳥や唐揚げにレモンが添えられていることがよくありますが、そのレモンの役割に当たるのがランビックの強烈な酸味なのです。

ランビックは、食卓でレモンのような役割を果たしてくれる

● 辛味×酸味

　引き続きランビックとのペアリングについて紹介しましょう。ランビックの酸味は、辛味との相性もよいのです。酸味と辛味の相性のよさは、さまざまな料理で証明されています。例えば、トムヤムクンに代表されるタイ料理は、酸味と辛味がうまく組み合わさった例がよく見られます。また、酸辣湯(サンラータン)やキムチも同じような組み合わせです。これらは酸味と辛味がお互いをやわらげた上に独特の風味を作り出しています。

　このような効果が見込めるランビックとの組み合わせでおすすめしたいのは、花椒(ホアジャオ)をきかせた麻婆豆腐(マーボー)。ランビックの酸味と麻婆豆腐の辛味がお互いをやわらげる上に、花椒の清涼感がランビックの酸味とも同調します。麻婆豆腐については、ピルスナーで舌をリセットする方法もいいのですが、ランビックも一度試してみていただければと思います。

ランビックの酸味と麻婆豆腐の辛味、麻婆豆腐によく使われる花椒の清涼感とランビックの酸味が好相性

●旨味×苦味

ホップの苦味がきいたビールと、旨味のある料理との組み合わせです。具体的には、IPAとハンバーガーがよいのではないでしょうか。

ホップの苦味は肉の旨味を引き立てる効果があります。また、ハンバーガーには、酸味や旨味などさまざまな味覚がまとめられていますが、ホップの苦味がそれらの味わいを整えることも。特に、ハーブのような草っぽいフレーバーを残したIPAであれば、薬味のような役割も期待できます。ステーキなどに添えられるクレソンを想像していただければわかるかと思います。

ホップの苦味は肉の旨味を引き立てる効果がある

● 甘味×焦げ感

　ビールのペアリングを紹介する際に、最も驚かれるのがこの組み合わせです。具体的な組み合わせ方をいくつか紹介する前に、既述の焼き鳥のタレとスタウトの組み合わせについて、説明しておきましょう。

　甘味は焦げ感（ローストの苦味）をやわらげる効果があり、さらに新しい風味を作り出すことができます。甘味と焦げ感の組み合わせのよい例としては、コーヒーやチョコレートが挙げられます。ブラックコーヒーやカカオ含有量の高いチョコレートはローストの苦味が強く、そのままでは口にできない人もいると思います。しかし、そこに砂糖を加えることで苦味がやわらげられ、おいしく食べられるようになるのです。タレの甘味とスタウトの焦げ感の組み合わせも同じような考え方です。

　では、焦げ感のあるスタウトには他に何が合うのかを考えてみると、甘味を加えればいいということがわかるでしょう。

　具体的には、スイーツとの相性が抜群です。バニラアイスとスタウトの組み合わせは鉄板と言ってもいいほど。コーヒーフロートのようにスタウトにバニラアイスを浮かべてみるのもいいですし、アフォガートのようにバニラアイスにスタウトをかけてみるのもいいでしょう。

　また、焼き菓子にもスタウトが合います。マドレーヌやシフォンケーキをスタウトに浸して食べてみてください。スタウトだけでなく、シュヴァルツやポーターなど、黒いビールであれば、スイーツとうまく合わせられます。ただ、甘味が強い黒いビールの場合は、甘味が強調されすぎてしまうおそれもあるため、甘味の少ない黒ビールを選ぶとよいでしょう。

　逆に、ロースト感が強く甘味を抑えたスイーツであれば、甘味

を補完するために甘味の強いバーレイワインを合わせてもいいかもしれません。

　このように、ビールはいろいろな料理と組み合わせることで、新しい世界を広げることができます。料理とどう組み合わせれば、ビールのポテンシャルをより発揮できるのか。それを考えてみるのも、ビールの楽しみ方のひとつだと考えています。

スタウト

甘いバニラアイスと焦げ感のあるスタウトとの組み合わせは鉄板。焼き菓子をスタウトに浸すのもおすすめ

おわりに

　ここ数年で、日本のビール業界は第3段階に入ったと考えています。

　最初の段階は、大手ビール会社だけがビールを造ることができた時代です。ビールの製造免許を取得するために必要な年間製造量が2000キロリットルとされていて、新しい醸造所の新規参入が実質的にできない状態でした。

　その時代が終わったのが1994年。ここからが第2段階です。酒税法が改正され、年間製造量は60キロリットルへと引き下げられました。これにより各地で小規模醸造所が誕生して地ビールブームを迎えたのですが、数年で下火になってしまったのは本書でも書いた通りです。

　では、いつから第3段階に入ったかというと、明確には規定できないのですが、2016年前後としておきましょう。この段階への移行は酒税法改正のような出来事によるものではなく、考え方の変化なので明確にしにくいのです。現在でもその変化は続いています。

　ビールに限った話ではないのですが、世の中の考え方が競争から共有・共存へとシフトするようになってきました。その変化は「シェア」という言葉の捉え方に表れていると考えています。英語としての意味が変わっているわけではなく、「シェア」という言葉をどう捉えるかということです。

これまではビール関連で「シェア」と言えば、大手ビール各社の国内出荷量や売上高に占める割合のことをイメージすることが多かったと思います。自社の売上のシェアをどれだけ伸ばすことができるか、つまり他社との競争の結果としての「シェア」だったわけです。もちろん、この意味での「シェア」は現在でも使われています。

　一方で、「シェア」という言葉を「共有」という意味で捉えることも増えてきています。大手ビール会社間では、ビールの共同配送を進めています。これは流通コストの高騰の結果ではあるのですが、シェアリングエコノミーのひとつの形態と言えなくもありません。売上シェアを奪い合っている会社どうしが、流通のインフラをシェアするようになってきたのです。

そしてもうひとつ、大手ビール会社とその他の小規模醸造所との関係性の変化です。ここでも「共有・共存」という意味での「シェア」の事例があるので紹介しましょう。

　1994年から2016年前後までは、小規模醸造所の存在は大手ビール会社に対するアンチテーゼのような意味合いもありました。もちろん、そうは思っていない方々も多いかもしれませんが、小規模醸造所が造るビールには「大手ビールとは違う、オリジナリティのあるビール」という考え方が多くあったと思います。「大手ビールと大手ビールではないもの」というイメージです。

　ところが、その傾向が徐々に変わってきつつあります。その事例のひとつとして、キリンビールが主に東北地方での契約栽培で育種してきた「IBUKI」という品種のホップを、他社にも販売するようになったということが挙げられます。いくつかの小規模醸造所では自社で育てたホップや地元のホップを使用してビール造りをしていますが、そのホップの選択肢のひとつとして「IBUKI」も使えるようになったということです。

　また、小規模醸造所では、他の醸造所とコラボレーションしてビールを造ったり、技術交流を行ったりすることがよくあります。例えば、東北の小規模醸造所数社で行っている「東北魂ビールプロジェクト」。こちらは、醸造家が集まってそれ

ぞれの経験や技術を共有し、共同でビール造りを行っているものです。

そして、2017年にはキリンビールの子会社であるスプリングバレーブルワリーも同プロジェクトに参加しました。つまり、小規模醸造所と大手ビール会社が知見や技術をシェアできたということなのです。

まとめると、第1段階は大手ビールだけの時代、第2段階は大手ビールと地ビール・クラフトビールの時代、第3段階はビール業界全体で知見や技術をシェアしていく時代、といったイメージです。

今はビール離れが進んでいると言われています。ビール離れどころかお酒離れとも言われていますが、この理由としては2つ考えられます。

ひとつは生産年齢人口の減少。お酒を飲む人は20歳以上で、高齢者になると大量にはお酒を飲みませんから、お酒を飲む人口を生産年齢人口と言い換えてもいいでしょう。少なくとも2050年頃までは人口減が続くことがわかっています。

もうひとつは、嗜好の多様化。余暇の選択肢が増えています。選択肢が増えると、その選択肢ひとつ当たりの人数も当然減ってきますので、余暇にお酒を飲むという選択をする人も減ります。お酒だけでなく、映画離れ、車離れというこ

とも言われていますが、そこから離れた人は何をしているかというと、他の選択肢をとっているわけです。

　さらに、お酒の選択肢も増えてきました。「とりあえずビール」ではなく、他のお酒を選択する人も増えています。また、「クラフトビール」という言葉が認知されることによって、ビールにもいろいろな選択肢があることも少しずつ知られるようになってきました。

　このように多様化した嗜好の中からビールを選んでもらうためには、ビール自体に魅力があるということを知ってもらう必要があります。そして、大手ビール会社だけでなく小規模醸造所も含め、ビールの魅力を知ってもらってビール業界全体を盛り上げていこうと動いているのが、今の第3段階だと思っています。

この第3段階のキーワードが「シェア」です。売上のシェアを奪い合うのではなく、それぞれの価値をシェアしていく時代。売上は重要な指標のひとつですが、それ以外の価値をどう最大化していくかを考える時代です。価値はシェアすればするほど大きくなります。「クラフトビール」が人気だと言われている裏側では、こういった変化が起きているのです。

この変化はまだ大きな波にはなっていませんが、おもしろい変化だとは思いませんか？　これからビール業界はもっともっとおもしろくなってくると思います。本書ではそのビールのおもしろさ、楽しさの一端をご紹介しましたが、これも価値のシェアのひとつ。本書を読んでビールの価値をシェアしたいと思っていただけたのであれば幸いです。

最後に、この本を制作するにあたりご尽力いただいた方々にこの場を借りて御礼申し上げます。特に、執筆のお声がけをいただいた品田洋介さん、SBクリエイティブ株式会社の田上理香子さん、出井貴完さんには多大なお力添えをいただきました。ありがとうございました。

本書を読んでいただいたみなさんと、どこかで乾杯できるのを楽しみにしています。

2019年3月　富江弘幸

索引

あ

アイランダー IPA	127
アサヒスーパードライ	21、26、84、96
アップルシナモンエール	30
アンカースチームビール	48、49、109
アンカーリバティーエール	50
ウェストマール・トリプル	121
el Diablo	132、165
オールデイIPA	136
オルヴァル	138、165
おろち	83

か

カンティヨン・グース	24、134
ギネス エクストラスタウト	131
キリン秋味	173
キリン一番搾り生ビール	21、96
キリン クラシックラガー	93
ケストリッツァー シュヴァルツビア	108
COEDO紅赤-Beniaka-	85、135
COEDO毬花-Marihana-	19
COEDO伽羅-Kyara-	141
琥珀エビス	173

さ

サッポロ生ビール黒ラベル	21、84、96
サッポロラガービール	93
ザ・プレミアム・モルツ	22、96
サミクラウス	165
シエラネバダ・ペールエール	50、124
シメイ・グランドリザーヴ	165
シメイ・ゴールド	31
シメイ・ブルー	31、165
シメイ・ホワイト	31
シメイ・レッド	31
シュパーテン オクトーバーフェスト	104
シュレンケルラ・ラオホビア メルツェン	137
湘南ゴールド	135
神都麥酒	84

スカルピンIPA	39
セゾンデュポン	115
セバスチャン グランクリュ	14

た

W-IPA	127
デュベル	119
デリリウム ノクトルム	119
東京ブラック	129
ドゥシャス・デ・ブルゴーニュ	122
東北復興支援ビール 渚咲〜Nagisa〜	82

な

ナインテイルドフォックス	164

は

Beard Beer	82
ヒューガルデン ホワイト	66、116
ピルスナー・ウルケル	80、99、101
ピルスナー(エチゴビール)	41
ブランク ヘフェヴァイツェン	111
フリュー・ケルシュ	112
ブルームーン・ベルジャンホワイト	28
ブルッグス ゾット・ダブル	120
フレンスブルガー ピルスナー	101
ベアレン・アルト	113
ホフブロイドゥンケル	106

ま

マイウアボック	105
ミルクスタウト ナイトロ	131

や

よなよなエール	12、26、37
YOKOHAMA XPA	40

ら

リーフマンス・グリュークリーク	30
レッドライスエール	84
ロンドンプライド	124

写真協力：アイコン・ユーロパブ、アサヒグループホールディングス、アンハイザー・ブッシュ・インベブ ジャパン、伊勢角屋麦酒、ウィスク・イー、AQベボリューション、エチゴビール、木内酒造、キリン、コエドブルワリー、小西酒造、KOBATSUトレーディング、ザート商会、サッポロホールディングス、島根ビール、昭和貿易、サンクトガーレン、サントリーホールディングス、世嬉の一酒造、大榮産業、ナガノトレーディング、那須高原ビール、廣島、ブラッセルズ、ベアレン醸造所、三井食品、箕面ビール、モルソン・クアーズ・ジャパン、ヤッホーブルーイング

サイエンス・アイ新書 シリーズラインナップ

科学

425 人を動かす「色」の科学
松本英恵

423 「ロウソクの科学」が教えてくれること
尾嶋好美/編訳、白川英樹/監修

419 空を飛べるのはなぜか
秋本俊二

410 わかりやすい記憶力の鍛え方
児玉光雄

408 外国語を話せるようになるしくみ
門田修平

401 人体の限界
山﨑昌廣

2019年2月時点の「科学」ジャンル既刊例です

388 アインシュタイン
——大人の科学伝記
新堂 進

387 正しい筋肉学
岡田 隆

384 大人もおどろく
「夏休み子ども科学電話相談」
NHKラジオセンター
「夏休み子ども科学電話相談」制作班/編著

383 「食べられる」
科学実験セレクション
尾嶋好美

379 人工知能解体新書
神崎洋治

372 正しいマラソン
金 哲彦・山本正彦・
河合美香・山下佐知子

サイエンス・アイ新書
SIS-429

https://sciencei.sbcr.jp/

教養としてのビール
きょうよう
知的遊戯として楽しむための
ちてきゆうぎ　　　　たの
ガイドブック

2019年3月25日　初版第1刷発行

著　　者	富江弘幸 とみえひろゆき
発 行 者	小川　淳
発 行 所	SBクリエイティブ株式会社
	〒106-0032　東京都港区六本木2-4-5
	電話：03-5549-1201（営業部）
装　　丁	渡辺　縁
組　　版	クニメディア株式会社
印刷・製本	株式会社シナノ パブリッシング プレス

乱丁・落丁本が万が一ございましたら、小社営業部まで着払いにてご送付ください。送料小社負担にてお取り替えいたします。本書の内容の一部あるいは全部を無断で複写（コピー）することは、かたくお断りいたします。本書の内容に関するご質問等は、小社科学書籍編集部まで必ず書面にてご連絡いただきますようお願いいたします。

©富江弘幸　2019　Printed in Japan　ISBN 978-4-8156-0080-8

SB Creative